能源与电力分析年度报告系列

2017

国内外电网发展
分析报告

国网能源研究院有限公司　编著

中国电力出版社
CHINA ELECTRIC POWER PRESS

内 容 提 要

《国内外电网发展分析报告》是能源与电力分析年度报告系列之一,主要分析了 2016 年以来北美、欧洲、日本、巴西、印度及中国等主要地区和国家的经济社会概况、能源电力政策要点、电力供应和消费增长、电网发展现状;针对中国电网,还重点分析了电网投资、电网规模、网架结构、运行交易、电网经营等方面的发展,并梳理了发展成效、存在问题与发展重点;分析了国内外电网可靠性及全球大规模停电事故的原因和启示;分析了输配电运营模式和配用电服务模式的创新;分析了电网前沿技术的最新进展,以期为关注和研究电网发展的各方面人士提供借鉴和参考。

本报告适合能源电力行业尤其是电网企业从业者、国家相关政策制定者、科研工作者、高校电力专业学生参考使用。

图书在版编目(CIP)数据

国内外电网发展分析报告.2017/国网能源研究院有限公司编著.—北京:中国电力出版社,2017.11(2017.12 重印)

(能源与电力分析年度报告系列)

ISBN 978 - 7 - 5198 - 1369 - 7

Ⅰ.①国… Ⅱ.①国… Ⅲ.①电网—研究报告—世界—2017 Ⅳ.①TM727

中国版本图书馆 CIP 数据核字(2017)第 283905 号

出版发行:中国电力出版社
地　　址:北京市东城区北京站西街 19 号 (邮政编码 100005)
网　　址:http://www.cepp.sgcc.com.cn
责任编辑:刘汝青 孙　晨 (010-63412382)
责任校对:马　宁
装帧设计:张　娟　王英磊
责任印制:蔺义舟

印　　刷:三河市百盛印装有限公司
版　　次:2017 年 11 月第一版
印　　次:2017 年 12 月北京第二次印刷
开　　本:700 毫米×1000 毫米　16 开本
印　　张:12.5
字　　数:149 千字
定　　价:50.00 元

能源与电力分析年度报告
编 委 会

主　　任　张运洲

委　　员　吕　健　蒋莉萍　柴高峰　李伟阳　李连存　张　全
　　　　　王耀华　牛忠宝　郑厚清　单葆国　郑海峰　鲁　刚
　　　　　马　莉　韩新阳　李琼慧　张　勇　李成仁

《国内外电网发展分析报告》
编 写 组

组　　长　韩新阳

副 组 长　靳晓凌　王　阳　张　钧

指导专家　冯庆东

成　　员　代贤忠　张　岩　张　钰　白翠粉　胡　波　杨　倩
　　　　　柴玉凤　张　晨　李　健　翁　强　陈　丹　田　鑫
　　　　　张　玥　杨　方

前　言

　　国网能源研究院有限公司多年来紧密跟踪国内外能源电力政策法规、电力市场化改革进展、宏观经济发展环境、能源电力供需变化、节能与需求侧管理、能源替代、新能源发展与并网、电网发展、电网安全可靠性、电网运营和服务模式创新、电网技术创新、能源电力价格变化、电力企业运营管理等，开展广泛调研和分析研究，形成年度系列报告，为政府部门、电力企业和社会各界提供了有价值的决策参考和信息。

　　《国内外电网发展分析报告》是能源与电力分析年度报告系列之一。自 2016 年由《国内外智能电网发展分析报告》更名为《国内外电网发展及新技术应用分析报告》之后，2017 年又调整改用现名，拓展对国内外电网发展运营重点研究和分析。

　　本报告与 2016 年度《国内外电网发展及新技术应用分析报告》相比做了两个方面的改进和完善。一是报告结构的完善。国外电网发展分析选取五个典型地区和国家，将中国电网发展分析单列一章作为重点，并对电网的安全可靠、服务运营、技术创新进行专题分析。二是分析重点的突出。国内外电网发展分析采用"经济社会发展－能源电力政策－电力供需现状－电网发展分析"的思路，得出各个地区和国家在各自国情、政策导向、现有基础下的电网发展重点。

本报告共分为6章。第1章分析了北美、欧洲、日本、巴西及印度等地区和国家电网发展环境和发展现状，第2章分析了中国电网发展环境、发展现状、存在的问题和发展重点，第3章分析了国内外电网可靠性和大规模停电事故的原因和启示，第4章分析了国内外相关企业在输配电运营和配用电服务模式上的创新发展，第5章介绍了电网互联技术、可再生能源发电及并网消纳技术、电网智能化技术的发展动态，第6章对电网发展趋势进行了展望。

本报告中的经济、能源消费、电力装机容量、发电量、用电量、用电负荷、供电可靠性等指标的最新数据，主要以各地区和国家电网的2016年统计数据为准；限于数据来源渠道不足，部分指标的数据有所滞后，以2015年数据进行分析；重点政策、重大事件等更新到2017年。

本报告概述部分由王阳主笔，第1章由张岩、张钰、王阳主笔，第2章由代贤忠、陈丹、王阳、张钧、张玥主笔，第3章由张钧、杨倩主笔，第4章由白翠粉、柴玉凤、王阳主笔，第5章由胡波、张晨、田鑫主笔，第6章由王阳主笔。雷恺杰、余新旋、张慧娟、王俊芳、苏颖、李娜、吕静、杨凤丽、张闻、王梦真等实习生参与了信息、数据的搜集和整理工作。全书由王阳、张钧统稿，由韩新阳、靳晓凌、冯庆东审核。

在本报告的调研、收资和编写过程中，得到了国家电网公司联办、研究室、发展部、安质部、营销部、科技部、国际部、国调中心、交易中心等部门专家和领导的悉心指导，还得到了中国电力企业联合会张卫东处长、华北电力设计院任胜军总经理、清华大学张毅威教授、华北电力大学董军教授、南方电网公司叶骏博士等专家的大力支持，在此表示衷心感谢！

限于作者水平，虽然对书稿进行了反复研究推敲，但难免存在疏漏与不足之处，恳请读者谅解并批评指正！

编 著 者

2017 年 10 月

目　录

前言

概述 ································· 1

1 国外典型电网发展分析　　　9

1.1　北美联合电网 ···················· 11

1.1.1　经济社会发展概况 ··············· 11

1.1.2　能源电力政策 ················· 12

1.1.3　电力供应和电力消费增长 ··········· 16

1.1.4　电网发展 ··················· 19

1.2　欧洲互联电网 ···················· 23

1.2.1　经济社会发展概况 ··············· 24

1.2.2　能源电力政策 ················· 26

1.2.3　电力供应和电力消费增长 ··········· 28

1.2.4　电网发展 ··················· 32

1.3　日本电网 ······················ 36

1.3.1　经济社会发展概况 ··············· 36

1.3.2　能源电力政策 ················· 37

1.3.3　电力供应和电力消费增长 ··········· 41

1.3.4　电网发展 ··················· 44

1.4 巴西电网 ……………………………………… 47

　1.4.1 经济社会发展概况 ………………………… 47

　1.4.2 能源电力政策 ……………………………… 49

　1.4.3 电力供应和电力消费增长 ………………… 50

　1.4.4 电网发展 …………………………………… 52

1.5 印度电网 ……………………………………… 56

　1.5.1 经济社会发展概况 ………………………… 56

　1.5.2 能源电力政策 ……………………………… 57

　1.5.3 电力供应和电力消费增长 ………………… 59

　1.5.4 电网发展 …………………………………… 62

1.6 小结 …………………………………………… 69

2 中国电网发展分析　　71

2.1 中国电网发展环境 …………………………… 72

　2.1.1 经济社会发展概况 ………………………… 72

　2.1.2 能源电力政策 ……………………………… 75

　2.1.3 电力供应和电力消费增长 ………………… 80

2.2 中国电网发展现状 …………………………… 84

　2.2.1 电网投资 …………………………………… 84

　2.2.2 电网规模 …………………………………… 87

　2.2.3 网架结构 …………………………………… 92

　2.2.4 运行交易 …………………………………… 98

　2.2.5 电网经营 …………………………………… 104

2.3 中国电网存在的问题与发展重点 …………… 106

　2.3.1 电网的发展成效 …………………………… 106

2.3.2 电网存在的问题 ···················· 116

2.3.3 电网的发展重点 ···················· 117

2.4 小结 ·················· 118

3 电网安全可靠性 120

3.1 主要地区和国家电网可靠性 ·············· 120

3.1.1 电网可靠性情况 ···················· 120

3.1.2 电网可靠性提升经验 ·············· 126

3.2 大规模停电事故 ·················· 129

3.2.1 停电事故主要原因 ·············· 129

3.2.2 典型停电事故分析 ·············· 132

3.2.3 影响电网安全的新风险点 ·············· 139

3.3 小结 ·················· 140

4 输配电运营和配用电服务模式创新 142

4.1 输配电运营模式创新 ·············· 142

4.1.1 组织模式 ···················· 142

4.1.2 运营创新 ···················· 144

4.2 配用电服务模式创新 ·············· 149

4.2.1 业务模式 ···················· 149

4.2.2 服务创新 ···················· 150

4.3 小结 ·················· 161

5 电网技术创新 163

5.1 电网互联技术 ·············· 163

5.1.1 特高压交直流输电技术 ·············· 163

5.1.2　柔性直流输电技术　……………………………… 164

5.1.3　交直流混联电网协同控制技术　…………… 165

5.1.4　统一潮流控制器技术　…………………………… 166

5.1.5　无线输电技术　…………………………………… 167

5.1.6　管道输电技术　…………………………………… 168

5.2　可再生能源发电及并网消纳技术　……………… 169

5.2.1　太阳能电池材料　………………………………… 169

5.2.2　新能源虚拟同步发电技术　…………………… 170

5.2.3　主动配电网技术　………………………………… 172

5.2.4　储能技术　………………………………………… 174

5.3　电网智能化技术　………………………………………… 175

5.3.1　物联网技术　……………………………………… 175

5.3.2　大数据技术　……………………………………… 177

5.3.3　人工智能技术　…………………………………… 179

5.3.4　虚拟现实与增强现实技术　…………………… 180

5.4　小结　………………………………………………………… 181

6 展望 ………………………………………………………… 183

参考文献 …………………………………………………………… 186

概　　述

2016 年，世界经济增长缓慢，增长率仅有 2.4％，发达国家经济缓慢复苏，新兴市场和发展中经济体走势继续分化，中国和印度经济增速分别为 6.7％和 7.1％，是世界经济增长的主要动力，而巴西为 －3.6％。全球能源市场正处于转型期，能源消费增速放缓，主要增长点来自以亚洲为代表的发展中经济体，电能占终端能源消费的比重继续提高。电力装机仍以化石能源类型为主，但可再生能源装机增长较快，地区差异较大。全球发电量稳步增长，中国和美国发电量稳居世界前两名，可再生能源发电市场份额进一步扩大。在可再生能源快速发展、能源资源与负荷中心逆向分布、各类交易政策等因素的推动下，全球互联电网网架和交易机制不断完善。中国电网的发展已取得举世瞩目的成就，支撑经济社会稳定发展，国家电网公司连续两年位列《财富》世界 500 强第 2 名，成为全球最大的公用事业公司。本报告从发展背景、能源电力政策、电力供应和用电需求等方面入手，系统介绍了 2016 年北美、欧洲、日本、巴西、印度五个国外典型地区和国家电网的发展概况，着重分析了中国电网的发展现状、发展成效、存在问题和发展重点，之后从电网安全、运营和服务模式创新、技术创新三个特定视角展示国内外电网一年来的发展成效。

（一）国外典型电网发展情况

欧洲、美国、日本等发达地区和国家能源消费基本不变，印度和巴西等发展中国家能源消费随经济增长而增长。2016 年，北美、欧洲和日本等发达地区和国家经济增长率在 1%~2%，能源强度在持续下降。在经济增长缓慢和能源强度下降的双重作用下，北美、欧洲能源消费总量与上年持平，日本能源消费总量小幅下降。印度经济增速为 7.1%，列主要经济体首位，虽然能源强度下降较快，但受人口增长和城市化推进的影响，能源消费仍保持较快增长。受投资、消费持续收缩影响，巴西经济深陷衰退，同比减少 3.6%，能源强度在基础设施投资拉动的作用下不降反升，能源消费总量同比减少 3%，降幅窄于 GDP 降幅。北美地区仍是典型地区和国家中能源消费规模最大的地区，印度是人均能源消费最低的国家。

世界上一些国家积极出台政策以保障能源安全、推动清洁能源发展，同时加强对新一代电力系统的规划和建设，以适应可再生能源和电动汽车的发展。2016 年，**为促进能源独立、实现经济持续发展，**美国从支持可再生能源发展转向促进化石能源清洁化发展，印度政府计划成立国家能源政策审查委员会，发布《能源独立》（NEP）草案；**为推动能源清洁化发展，实现能源转型升级，**加拿大做出 2020 年减少 17% 温室气体排放、2030 年之前关闭所有燃煤电厂的承诺，欧盟发布《欧洲清洁能源计划》，日本发布《能源革新战略》《能源环境技术创新战略 2050》《全球变暖对策》等政策，巴西通过一系列政策支持太阳能行业发展，英国、法国、挪威等国家以不同方式宣布未来禁止销售柴油和汽油车；**为进一步促进电网发展，实现源网荷协调发展，**美国与加拿大政府联合发布《美国-加拿大电网安全性与弹性联合发展战略》，欧盟 2016 年底发布第四版《十年电网发展规划》，日本政府发布《日本振兴计划》，明确将建立安全方便经济的下一代电力系统，印度中央电力管理局公布第三份《国家电力规划》。

清洁能源装机比例增长迅速，电气化程度不断提高。2016 年，各国都在积极发展太阳能、风能、生物质能等可再生能源发电装机，除此之外，以天然气、水电为主的清洁能源发电装机也增长迅速，电源结构继续向大规模清洁化发展。本报告选取的五个典型地区和国家中，除印度长期缺电外，其余国家或联合电网电力供应充足。从电力消费来看，除日本、巴西外，用电高峰负荷在 2014 年后均有所增长。随着电网的不断发展、智能化水平的不断提高，各国电气化程度均在不断提高，其中以日本电气化程度最高，2016 年日本电能在终端能源消费中占比达到 28%。

智能化改造、大规模清洁能源消纳和储能成为各国电网发展的重点和热点。2016 年，受经济增长缓慢的影响，北美、欧洲、日本的电网发展较为缓慢，线路长度和变电容量增长率小于 1%；印度和巴西等发展中国家仍加大电网基础设施建设力度，线路长度和变电容量增长率达到 4%～8%。大规模清洁能源的消纳给各国电网运行带来较大压力，各国通过加强互联互通建设、促进跨国跨区交易，实现大范围供需平衡。为适应分布式能源接入、缓解电力设备老化问题、适应竞争市场下新型服务模式的发展，各国通过推进智能电表部署、加速配电自动化覆盖等措施推动电网智能化。高成本的储能主要在电力市场活跃地区有较大规模应用，通过创新的商业模式促进清洁能源消纳，获取投资回报。

（二）中国电网发展情况

经济增长为电网发展提供了持续动力，能源结构进一步优化，电气化水平不断提高。2016 年，中国 GDP 同比增长 6.7%，增速仅次于印度，远高于世界 2.4% 的平均水平，对世界经济增长的贡献位居第一；能源消费强度延续多年持续下降趋势，达到 0.179kgoe/美元（2005 年价），但仍高于北美、欧洲、日本、印度、巴西 5 个典型地区和国家；能源消费总量同比增长 1.5%；电能替代稳步推进，电能占终端能源消费比重上升到 22%；电力装机容量较快增长，其中非化石能源发电装机容量占新增装机容量的比重超过一半，抽水蓄能电站和光伏电站发展迅猛。

电源侧政策注重引导电源合理投资、推动可再生能源发展，电网侧政策注重电力市场化改革，负荷侧政策注重推动电能替代，促进电网平台作用的发挥。2016 年，中国通过化解煤电潜在过剩风险、引导风电和太阳能企业理性投资等一系列政策调控电源规划建设，缓解电力过剩产能。《能源生产和消费革命战略（2016－2030）》《关于促进可再生能源供热的意见（征求意见稿）》《推进并网型微电网建设试行办法》等政策鼓励可再生能源发展。《关于推进电能替代的指导意见》明确了中国将在北方居民采暖、生产制造、交通运输、电力供应与消费四个重点领域推进电能替代。交通领域的政策继续发力，新能源汽车"双积分"政策与工业和信息化部启动制订停止销售传统能源汽车时间表，推动新能源汽车快速发展。

电网工程投资稳步增长，逐渐向配电网倾斜，电网规模不断扩大，特高压交直流投产运行较多，跨区电力交换能力进一步提高。2016 年，中国电力工程建设完成投资 8855 亿元，同比增长 3.3％，其中，电源投资 3429 亿元，同比下降 12.9％；电网投资连续 4 年提高，首次超过 5000 亿元，达到 5426 亿元，同比增长 16.9％，其中 220kV 及以上电网工程投资 2306 亿元，同比增长 5.5％，而配电网在新一轮农网升级改造的拉动下完成投资 3120 亿元，同比增长 27.1％，在所有电网投资中所占比重接近 60％。截至 2016 年底，中国 220kV 及以上输电线路长度达 64.5 万 km，同比增长 5.9％，其中特高压交流、直流线路长度分别增长 132.7％和 16.2％；220kV 及以上变电设备容量达 36.9 亿 kV·A，同比增长 9.7％，其中特高压交、直流变电设备容量分别增长 73.7％和 53.5％。全国跨区交换电量 3777 亿 kW·h，同比增长 7.0％。截至 2017 年 10 月底，中国在运特高压线路达到"八交十直"。

电力市场化改革持续推进，交易电量规模不断增长，清洁能源消纳水平提升。 2016年，各项深化电力体制改革的政策文件相继出台，全国电力市场交易电量为1万亿kW·h，同比增长7%，占全社会电量的19%。其中，省内市场交易电量0.8万亿kW·h。平均降低电价约7.23分/（kW·h），为用户节约电费超过573亿元。全年累计消纳清洁能源1.7万亿kW·h，其中，74%通过特高压线路输送；可再生能源跨省跨区消纳电量占总交易电量的34.6%。

虽然电网发展取得了巨大成就，但仍然存在一些矛盾和问题，亟待解决。 当前全国电网存在特高压电网与配电网"两头薄弱"、特高压电网"强直弱交"、城乡电网发展不平衡等问题，需要针对问题找准电网发展重点，进一步完善特高压电网网架，建设智能电网，提升电网资源配置能力，推进城乡电网建设，强化电网与互联网融合发展，提升电网安全稳定经济运行水平。

（三）电网安全可靠情况

2016年以来，国际大规模停电事故主要有8起，关键设备故障与自然灾害是电网事故的主要原因。 2016年9月28日的南澳州停电由极端天气引发，是自1998年以来断网时间最长、影响面积最大的一次，所供负荷全部甩掉；2017年8月15日的中国台湾停电是人为误操作引发的大事故，也是台湾省史上最大规模的停电事故；日本东京，美国纽约、洛杉矶国际机场、旧金山，中美洲国家巴拿马、哥斯达黎加、尼加拉瓜等国，俄罗斯远东地区等发生的停电事故，主要由设备或变电站故障引发。

多年来国内外电网通过一系列措施提升了电网可靠性，新形势下电网安全需重点关注可再生能源、信息化、分布式电源等新风险点。 从国外主要国家电网可靠性提升的经验来看，电网可靠性持续提升主要通过合理的电网规划、有序的电力设备更新换代、大力推广配电自动化、开展配电网不停电作业等举措。大面积停电事故主要原因有关键设备故障、自然灾害、系统保护等技术措施不当或处置不力、电网结构不够坚强、电源结构不合理、网络攻击等，新形势下，还应重点关注可再生能源迅速发展，电网信息化提升及分布式电源、储能系统、微电网等带来的新的安全风险点。

（四）电网运营和服务模式创新情况

输配电企业的运营模式创新主要集中在电网建设运行、电网调度控制和电力市场交易三个方面。2016－2017 年输配电企业在**电网建设运行方面**的创新动向主要包括规划模式创新、负荷预测模式创新、电力需求预测方法创新等，以降低运行成本；在**电网调度控制方面**的创新动向主要包括电网发展理念创新、分布式能源调度模式创新、电网潮流智能化灵活控制创新，以提高运行效率；在**电力市场交易方面**的创新动向主要包括气电市场交易流程创新、市场手段创新、价格形成机制创新、统一电力市场建设创新，以提高交易水平。

配用电服务模式创新的维度丰富，主要表现在智能配电网、智能用电、需求侧响应、综合能源、基础平台五方面业务模式的创新。2016－2017 年配用电企业在**智能配电网方面**的创新动向主要包括挖掘储能价值提升电网运行灵活性、推动配电网的数字化转型、挖掘智能电表数据价值提升配电网运维管理水平；在**智能用电方面**的创新动向主要包括电费计划创新、基于互联网的服务手段创新、车联网平台服务模式创新；在**需求侧响应方面**的创新动向主要包括抵扣、红包等方式的激励手段创新，利用快速调频储能、虚拟电厂等调节方式的技术手段创新，提升需求响应能力和规模的组织管理创新；在**综合能源方面**的创新动向主要包括综合能源供应服务创新，捆绑销售、多表费用集抄等在内的综合能源营销服务创新，全程一体的综合能源服务管理模式创新；在**基础平台方面**的创新动向主要包括电力云平台的建设、能源数据平台搭建及管理体系建设、电力生产、管理及服务一体化云平台建设。

（五）电网技术创新情况

中国引领全球电网技术领域创新，在特高压输电、柔性直流输电、电网运行控制等方面取得突破。2016 年，特高压相关技术研发持续创新，在换流变压器、直流断路器、直流换流阀等技术设备方面均有突破，为特高压工程建设提供了关键技术支撑。电网运行控制领域，中国攻克了多项交直流、多直流协调控制技术难题，首次提出新能源虚拟同步发电机控制方法，并进行实地应用，有效提升了互联电网安全运行能力。人工智能、物联网和大数据技术逐步开始在电网规划、建设、运维中应用，提升了电网智能化水平。

典型的示范工程实现了从技术的突破到装备的应用，对电网发展起到支撑作用。2016 年 11 月，中国国家电网公司在苏州开工建设世界上电压等级最高（500kV）、容量最大（换流容量为 75 万 kV·A）的统一潮流控制器（UPFC）工程，在世界范围内首次实现 500kV 电网潮流的灵活、精准控制，使苏州电网消纳清洁能源的能力大幅提高。2016 年，中国国家电网公司在张北风光储输基地建成投运光伏虚拟同步发电机 24 台，共 12MW；在建风机虚拟同步发电机 5 台，共 10MW，计划 2017 年全部建成。2016 年，中国自主研发的 ±200kV 直流断路器、±500kV 直流换流阀等直流输电技术和装备获得突破和应用，浙江舟山 ±200kV 直流断路器示范工程克服了机械断路器开关速度的限制难题，实现电气与机械结构的模块化设计。

（六）未来电网发展展望

电网作为一个国家或地区综合能源运输体系的重要组成部分，在能源系统的中枢和核心地位将日趋明显，成为各国抢占新一轮能源变革和能源科技竞争制高点的领域。展望未来，**电网将成为支撑电气化水平快速提升的重要平台，电网将更加注重弹性以更好适应高比例可再生能源接入，交直流混联形态将更为普遍，承载市场化交易比重将不断提升，电力电子设备将规模化应用，电网智能化水平将不断提升，电网与新技术的融合将更加密切，伴随着新一轮能源革命方兴未艾，各国将会陆续打造各具特色的新一代电力系统。**

1

国外典型电网发展分析

　　世界范围内，各国均积极推进清洁能源替代化石能源从而实现清洁能源为主导的战略转型。大多数清洁能源基地远离能源消费中心，只有通过就地发电、上网消纳才能充分高效利用。同时，电网作为支撑经济社会发展的基础设施，在经历上百年的创新发展后，已形成覆盖范围最广的二次能源配送网络。从各国能源转型进程来看，利用电网作为能源资源优化配置平台不仅经济高效而且现实可行。

　　由于经济、社会等背景差异，各地区和国家电网的发展历程和发展阶段也存在不同。北美、欧洲和日本等地区和国家电网结构较为成熟，规模变化较小，但面临电源结构调整、设备老化等问题。巴西、印度等发展中国家电网面临的主要问题是电网和电源、负荷发展的不匹配，巴西需将北部的水电输送到东南部的负荷中心；印度新能源发电大规模增长引发消纳难题。本章针对北美联合电网、欧洲互联电网、日本电网、巴西电网、印度电网❶等典型地区和国家电网的现状进行分析，总结了各大电网的发展特点，为分析电网下一步发展趋势提供基础支撑。

　　2016 年，北美、欧洲、日本、巴西、印度等世界典型地区和国家电网的整体情况见表 1-1。

---

❶　北美、欧洲、日本作为发达地区和国家的代表，印度和巴西作为发展中国家的代表，也是金砖国家的代表。限于资料收集渠道不足，本书没有分析俄罗斯、南非等其他国家。

表 1-1   2016 年典型地区和国家电网整体情况

指标	北美	欧洲	日本	巴西	印度
覆盖人口 （亿）	3.61	5.32	1.27	2.07	13.24
服务面积 （万 km²）	1968	1016	37.8	851	298
装机容量 （亿 kW）	11.91	11.37	3.24*	1.48	3.27
发电量 （万亿 kW·h）	5.28	3.64	1.01	0.57	1.24
人均用电量 （kW·h）	14 626	6771	7298	2547	1075
最大负荷 （万 kW）	77 243	58 613	15 367*	8259	15 954
输电线路长度（万 km）	78.5	31.5	10.3*	11.9	36.8
线路损失率 （%）			6	15	24
主干网架电压等级	交流 765、500、345、230、161、138、115kV；直流±400、±450kV	交流 750、400、380、330、285、220kV；直流±500、±320、±300、±200、±150kV 等	交流 500、275、220、187、110~154、66~77、55kV	交流 750、500、440、345、230kV；直流±600kV	交流 765、400、220kV；直流±800、±500kV

数据来源：enerdata 2016。

*   2015 年数据。

1.1 北美联合电网

北美联合电网（简称"北美电网"）由美国东部电网、西部电网、德州电网和加拿大魁北克电网四个同步电网组成，覆盖美国、加拿大和墨西哥境内的下加利福尼亚州。北美联合电网区域分布如图1-1所示。

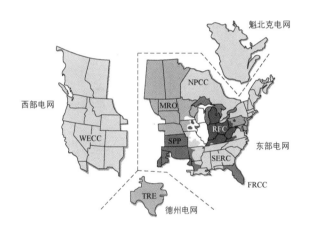

图1-1　北美联合电网区域分布图

图片来源：北美电力可靠性协会（NERC）。

1.1.1 经济社会发展概况

2016年，北美地区经济仍处于缓慢复苏阶段，经济增长率不足2%，维持在较低水平，但仍为全球最大的经济体。北美整体经济活动保持温和扩张的步伐，经历两年较快上涨后有所回落。2016年，北美地区GDP总值为19.9万亿美元，同比增长1.64%，增速较上年下降0.8个百分点，人均GDP超过5万美元；北美地区墨西哥经济增长恢复上升趋势，GDP增速最快，为2.3%。2012—2016年北美地区GDP及其增长率如图1-2所示。

图 1-2   2012—2016 年北美地区 GDP 及其增长率（以 2010 年不变价美元计）

数据来源：World Bank，GDP and main components，2012—2016。

2016 年，随着能源强度持续下降，北美地区能源消费总量与上年持平，低于 GDP 增速，人均能源消费呈下降趋势。北美地区通过产业转型、政策支持等推动能源强度不断下降，2016 年能源强度降低 1.5%，降至 0.147kgoe/美元（2005 年价），能源消费总量 2477Mtoe，与上一年持平，能源消费与经济增长脱钩，人均能源消费 6.47toe，比上一年下降 0.74%。2012—2016 年北美地区能源消费总量、强度情况如图 1-3 所示。

1.1.2   能源电力政策

美国总统特朗普上台后，撤销奥巴马时期的一系列能源和环保政策法规，取消对可再生能源、气候变化、环境保护等领域的支持，转向促进化石能源清洁化发展，旨在促进能源独立和经济增长。

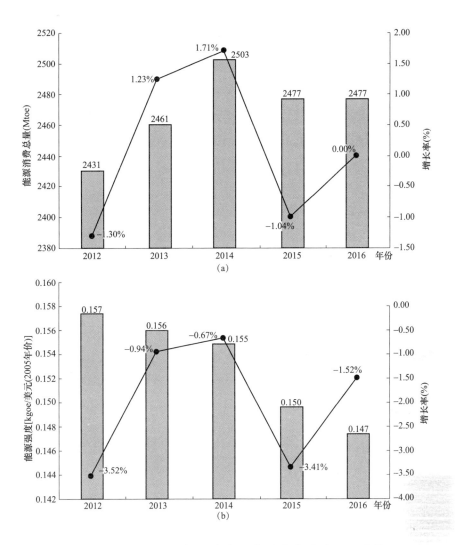

图 1-3　2012—2016 年北美地区能源消费总量、强度情况

(a) 能源消费总量；(b) 能源强度

2017 年 1 月 20 日，特朗普政府提出"美国优先能源计划"，明确将高度重视清洁煤技术，并将其用于煤矿开采，促进煤炭行业复苏，并通过明确税收优惠补贴范围和力度来确保这一计划的顺利实施，促进清洁煤技术商业化推广。

延伸阅读——《美国优先能源计划》政策要点

（1）通过"煤研究计划"（CRI）支持能源部国家能源技术实验室（NETL）进行清洁煤技术研发，例如开发创新型污染控制技术、煤气化技术、先进燃烧系统、汽轮机及碳收集封存技术等。

（2）"清洁煤发电计划"（CCPI）主要支持企业与政府建立伙伴计划，共同建设示范型清洁煤发电厂，对具有市场化前景的先进技术进行示范验证。

（3）通过税收优惠等政策措施，对经过示范验证可行的先进技术进行大规模商业化推广，例如给予集成气化联合循环（IGCC）发电项目、非发电用的煤气化技术税收优惠等。

2017年3月28日，美国总统特朗普废除了奥巴马政府2015年颁布的《清洁电力计划》，签发《关于促进能源独立和经济增长的总统行政命令》，解除对美国能源生产的限制，开始"美国能源生产新时代"。

延伸阅读——《关于促进能源独立和经济增长的总统行政命令》政策要点

（1）大力扶持化石能源行业：废弃《清洁电力计划》；取消联邦土地新开煤矿禁令；正式批准拱心石（KeystoneXL）和达科他（DakotaAccess）石油管道建设项目。

（2）取消对可再生能源、气候变化、环境保护等领域的支持政策：削减环保署支出；缩减可再生能源、气候变化、环境保护等领域的项目；简政放权，提高项目开工许可证核发效率。

（3）贬低气候变化议题的重要性，解散"温室气体社会成本部际工作组"（Interagency Working Groupon Social Cost of Greenhouse Gases），并否定该机构发布的评估结果。

加拿大承诺到 2020 年减少 17% 的温室气体排放，计划关闭 7000MW 燃煤电厂；2030 年之前，关闭所有燃煤电厂，将清洁能源发电装机比重提高到 90%，清洁电力将主要来自核能、水力、风力、太阳能等可再生能源。

为进一步优化资源配置范围、提升区域互济能力，2016 年 12 月，美国与加拿大政府联合发布《美国 - 加拿大电网安全性与弹性联合发展战略》，承诺采用合作共同管理风险的办法加强北美电网（为两国数百万居民供电）安全。2017 年 1 月，美国与墨西哥签署建立跨国电力市场的框架协议。

延伸阅读——《美国 - 加拿大电网安全性与弹性联合发展战略》战略目标

（1）**提高电网安全水平**：扩大信息共享，协调和完善法律、规则，预防级联事件，保持标准、激励措施和投资与安全的目标一致，消除电网依赖信息、交通、燃气等其他关键基础设施存在的漏洞。

（2）**加强应急管理，提升响应和恢复能力**：通过加强智能电网、信息监测等建设提高应急响应和保障供电连续性，在遇到物理和信息网络威胁导致的干扰时通过各组织的相互支援快速恢复，确定紧急情况下的依赖关系和供应链需求，快速生成经济可行的恢复和重建方案。

（3）**建立更加安全和弹性的未来电网**：了解并管控电网发展中的风险，开发并部署安全性、弹性相关关键技术，将安全和恢复能力纳入规划、投资、政策决策及美国与加拿大跨境电网协调建设，了解和减轻气候变化带来的风险，培养高素质的员工队伍。

1.1.3 电力供应和电力消费增长

（一）电力供应

北美电力总装机增长较为缓慢，火电装机持续减少，新增装机以气电、风电和太阳能发电为主，其中太阳能发电、风电装机容量增速最快，总装机占比接近 9%。截至 2016 年底，北美电力总装机容量达到 11.91 亿 kW，同比增长 1.55%，其中气电仍为第一大电源，装机容量占比 43%，煤电占比 24.4%，核电、水电、风电、太阳能发电装机占比分别为 9%、8.5%、6.9%、2%。2016 年底北美联合电网发电装机构成如图 1-4 所示。2016 年，净新增装机容量 1821 万 kW，主要来自气电、风电和太阳能发电装机，分别增加 1281 万、950 万、1002 万 kW，此外煤电装机减少 1412 万 kW。

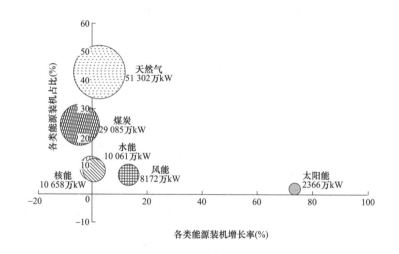

图 1-4　2016 年底北美联合电网发电装机构成

数据来源：APPA Generation Capacity 2012—2016。

北美发电量整体维持恒定，可再生能源发电持续上升。2016 年，北美总发电量 52 907 亿 kW·h，同比下降 0.16%。其中，火电发电量占比 62%，同比下降 3%；核电占比 18%，同比增长

1.1%；水电占比 13.4%，同比增长 3.7%；可再生能源发电占比 6.2%，同比增长 22.3%。2016 年北美电网发电量及增长率如图 1-5 所示。

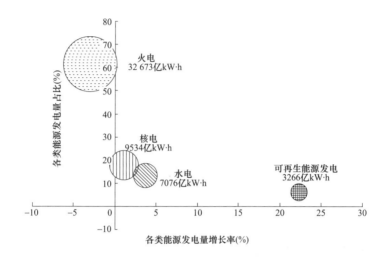

图 1-5 2016 年北美电网发电量及增长率

数据来源：2015—2017 IEA Electricity Information。

（二）电力消费

北美整体用电量小幅降低，仅墨西哥用电量实现正增长，加拿大降幅较大。2016 年，北美全社会用电量为 46 324 亿 kW·h，同比下降约 1%。其中美国全社会用电量为 38 666 亿 kW·h，同比下降 0.82%，电能占终端能源消费的比重为 21.4%；加拿大全社会用电量为 4981 亿 kW·h，同比下降 3.51%，电能占终端能源消费的比重为 22.4%；墨西哥全社会用电量为 2677 亿 kW·h，同比增长 2.49%，在能源消费总量负增长的情况下，电气化推进程度较快，电能占终端能源消费的比重达到 18.5%。2012—2016 年北美主要国家用电量增长如图 1-6 所示。

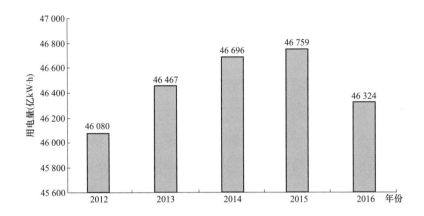

图 1-6 2012—2016 年北美主要国家用电量

数据来源：enerdata 2016。

北美电网最大用电负荷继续保持快速增长。2016 年，北美最大用电负荷发生在夏季，达到 77 243 万 kW，同比增长 4.23%。主要负荷集中在东部地区，占比 73.6%，西部地区占比 17.3%，中部地区占比 9.1%。2012—2016 年北美电网最大用电负荷如图 1-7 所示。

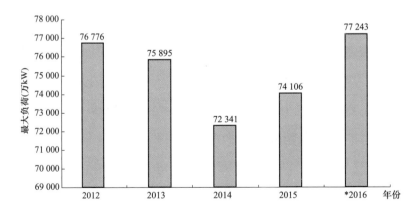

图 1-7 2012—2016 年北美电网最大用电负荷

（＊代表估计值）

数据来源：APPA Generation Capacity 2012—2016。

1.1.4 电网发展

（一）电网规模

随着经济和电力需求增速趋缓，能效政策的推广，电网的建设与改造较为缓慢。截至 2016 年底，美国 110kV 及以上电压等级线路长度达到 784 576.4km，同比增长 0.37%，增速约为 2012—2016 年平均增速的 60%。2016 年，新建线路长度为 2 871.8km，同比下降 22%，新建线路规模仅占总规模的 0.36%。1999 年德克萨斯州成为第一个采用能效资源标准（energy efficiency resource standard，EERS）的州，2016 年已有 24 个州采用了 EERS，这些州的零售电力销售额占美国零售电力销售总额的 55%。截至 2017 年 7 月，美国已有三十个州和哥伦比亚特区都推出了包括提出强制性要求、自愿目标或示范项目等在内的能源效率政策。能效的持续提升，进一步降低了电力需求，从 1995 年到 2016 年，美国 200kV 及以上输电线路长度增长 30%，新投运线路规模在 2013 年达到高峰后，逐年下降。2012—2016 年美国电网 100kV 以上输电线路回路长度和新建输电线路回路长度分别见表 1-2 和表 1-3。

表 1-2 　　　　2012—2016 年美国电网 100kV 以上输电线路回路长度　　　km

地区	2012 年	2013 年	2014 年	2015 年	2016 年
总计	765 806	773 277.7	778 024.5	781 704.6	784 576.4
增长率	0.67%	0.98%	0.61%	0.47%	0.37%

表 1-3 　　　　2012—2016 年美国电网 100kV 以上新建输电线路回路长度　　　km

电压等级	2012 年	2013 年	2014 年	2015 年	2016 年
≥500kV	301.9	750.3	112.7	571.6	136.9
345kV	1 747.8	5 846.7	2 672.3	1 981.1	1 555.1

续表

电压等级	2012 年	2013 年	2014 年	2015 年	2016 年
≤230kV	1 727.2	874.7	1 961.8	1 127.5	1 179.8
总计	3 778.5	7 471.7	4 746.8	3 680.1	2 871.8

（二）网架结构

北美联合电网中跨国互联线路不断增加，提升区域互济能力。目前，几乎所有与美国相邻的加拿大的省都与美国相连，互联输电线路达 35 回，主要联络线电压等级从 69kV 至 765kV 不等，以 230kV 为主。美国在加利福尼亚州、新墨西哥州和德克萨斯州与墨西哥电网通过 4 条 230kV 线路互联。北美联合电网还将规划建设 5 回联络线，其中包括 2 回±1000kV 特高压直流输电线路，将加拿大的清洁能源输送到美国北部。

（三）运行交易

严重的设备老化问题给电网稳定运行带来较大威胁。美国大规模输电网投资发生于 20 世纪中期，自 70 年代以来停滞不前。根据美国能源部（DOE）统计，70％的北美输电线路和电力变压器运行年限超过 25 年，60％的断路器运行年限超过 30 年。陈旧电网面临保障供电可靠性的巨大挑战，恶劣的天气和自然灾害时常给美国电力供应带来严重影响，例如 2017 年 1 月严寒天气下美国中西部数万居民遭遇停电，2012 年飓风"桑迪"造成 740 万户居民大停电。

北美联合电网交易电量持续增长。美国是电量净进口国，加拿大、墨西哥是电量净出口国。2015 年，北美进出口电量 848.7 亿 kW·h，同比增长 6.3％，高于 2010—2015 年均 5.7％的增速。其中，美国与加拿大交换的电量为 771.7 亿 kW·h，约是与墨西哥交易电量的 10 倍。2010—2015 年美国跨境电力交易量见表 1-4。

表 1 - 4	2010－2015 年美国跨境电力交易量				亿 kW·h	
进口国	2010	2011	2012	2013	2014	2015
从加拿大进口	437.6	510.8	579.7	627.4	593.7	684.6
向加拿大出口	184.8	144	113.9	106.9	128.6	87.1
从墨西哥进口	13.2	12.2	12.9	78.2	71.4	73.1
向墨西哥出口	6.2	6.5	6	6.8	4.4	3.9

（四）智能化

美国智能电表稳步推进，激发了消费侧新业态的发展。自 2010年以来，超过 90 亿美元的大型公共和私人投资加快了先进智能电网技术的部署。截至 2016 年底，美国安装的智能电表数量达到 7100 万元，同比增长 9%，超过电力客户的 1/3。智能电表的部署改善了电网运行、能源效率、资产利用率和可靠性，推动了消费侧技术的发展，比如住宅用户的可编程通信控制器、商业和工业用户的建筑能源管理系统等，为消费者提供了能源的使用数据，提高了用能体验，进一步提升了能效，推动了需求侧响应的发展，减少了电网的投资需求。2009 年以来美国智能电表安装数量如图 1 - 8 所示。

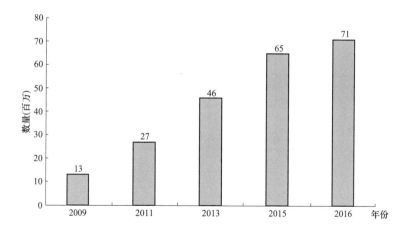

图 1 - 8　2009 年以来美国智能电表安装数量

（五）投资收益

电源结构的变化和建设成本提高使美国电网投资不断增加，电力市场化发展加大了私人投资公司投资力度。北美联合电网大力发展天然气和可再生能源，对远距离输电线路建设提出了需求，此外原材料、土地、人工成本的上升等带来电网建设成本的增加，使北美输电网投资逐年增长，2015 年投资达 201 亿美元，同比增长 3％，2016 年上涨到 215 亿美元。而私人投资公司积极融资开发商业化输电联网项目，利用各区域电力市场之间的电价差异获益，包括将加拿大魁北克地区水电输送至美国东北部地区的北极星项目、Northern Pass 项目，将美国中部风电输送至西部加利福尼亚州的 Trans West Express 项目，以及至东部地区的 Grain Belt Express 项目等。2010－2015 年北美联合电网输电网投资额及未来趋势如图 1-9 所示。

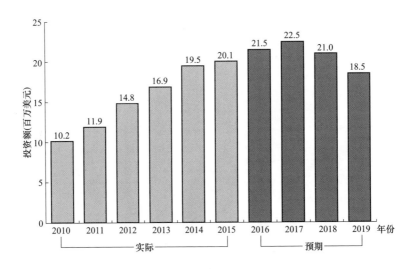

图 1-9   2010－2015 年北美联合电网输电网投资额及未来趋势

数据来源：EEI。

（六）储能发展

电力市场有效的回报机制促使美国电网级储能规模持续提高。面对用电负荷的不断增长，电力公司和用户开始寻求电网需求侧解决方案。在美国的电力市场环境下，监管机构为储能应用提供了许多有效的回报机制，加利福尼亚州和 PJM 等电力市场的用户侧储能覆盖区域发展迅速。美国现有约 540MW 电池储能容量，其中有一半在电力市场活跃的加利福尼亚州、伊利诺斯州和西弗吉尼亚州。2016 年底，在运抽水蓄能电站装机容量为 23GW，飞轮储能约为 44MW。伴随储能及分布式能源的发展，售电侧电力市场投资多元化和电力双向传输方式的出现都会对配电网的规划建设、调度运行、电价机制及交易结算产生深远影响。

（七）清洁能源消纳

美国电网面临风电等可再生能源并网及大范围消纳问题，需要对输配电网进行升级。虽然美国输电网投资在不断增加，但仍有较大缺口，到 2025 年，投资缺口额将累计达到 1770 亿美元，到 2040 年，则将进一步超过 5650 亿美元。此外，美国各州相对独立管理，使输电线路规划、选址和成本分摊等问题难以有效解决，导致输电网建设较为缓慢。相对于快速发展的可再生能源，美国跨州、跨区电网联系薄弱，输电能力不足，制约了风电等可再生能源的送出。

1.2 欧洲互联电网

欧洲互联电网（简称"欧洲电网"）包括欧洲大陆、北欧、波罗的海、英国、爱尔兰五个同步电网区域，此外还有冰岛和塞浦路斯两个独立系统，由欧洲输电联盟（european network of transmission system operators for electricity，ENTSO - E）负责协调管理。欧洲电网覆盖区域（简称"欧洲区域"）包括德国、丹麦、西班牙、法国、希腊、克罗地亚、意大利、荷兰、葡萄牙等在内的 34 个地区和国家共有 41 个电网运营商，覆盖面积 1016 万 km²，供电人口约为 5.32 亿。欧洲电网区域分布如图 1-10 所示。

图 1-10　欧洲电网区域分布图

1.2.1　经济社会发展概况

2016 年，欧洲逐步摆脱欧债危机影响，经济缓慢复苏，西班牙成为增长最快的国家。2016 年，欧盟❶ GDP 达到 18.2 万亿美元，同

---

❶　受限于数据渠道，部分指标选用欧盟 28 个国家和地区数据代表欧洲区域，欧盟 28 个国家和地区包括法国、德国、意大利、比利时、荷兰、卢森堡、英国、爱尔兰、丹麦、希腊、西班牙、葡萄牙、瑞典、芬兰、奥地利、塞浦路斯、捷克、爱沙尼亚、匈牙利、拉脱维亚、立陶宛、马耳他、波兰、斯洛伐克、斯洛文尼亚、罗马尼亚、保加利亚和克罗地亚。

比增长 1.87%，增速高于 2012—2016 年 1.5% 的平均增速，其中德国、法国、英国增速不超过 2%，西班牙受益于外贸增长、经济多元，连续两年增速超过 3%，意大利增速不足 1%。2012—2016 年欧洲区域主要国家 GDP 及其增长率如图 1-11 所示。

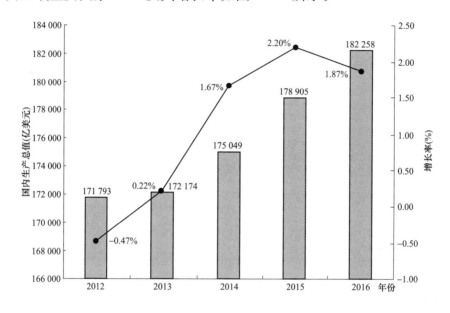

图 1-11 2012—2016 年欧洲地区 GDP 及其增长率

（以 2010 年不变价美元计）

数据来源：Eurostat，GDP and main components，2012—2016。

2016 年，欧洲能源强度继续下降，能源消费总量、人均能源消费量与上年基本持平，较 2012 年降低约 5%。 欧洲能源强度降速较快，2016 年为 0.102kgoe/美元（2005 年价），低于世界平均水平近 30%；能源消费总量 1590Mtoe，较上一年略有增长，经济增长与能源消费脱钩；人均能源消费 3.11toe，下降 0.18%，不到美国和加拿大人均能源消费的一半。2012—2016 年欧盟 28 国能源消费总量、强度情况如图 1-12 所示。

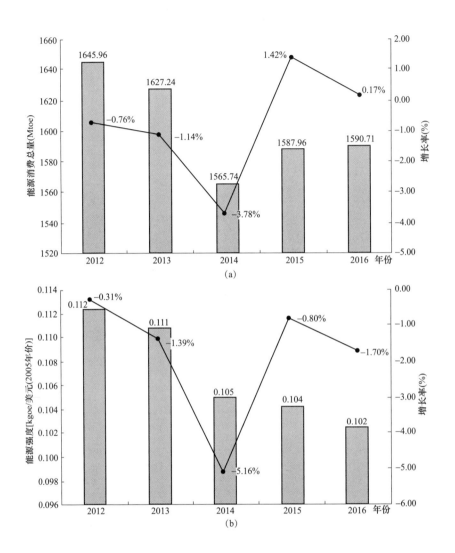

图 1-12 2012—2016 年欧盟 28 国能源消费总量、强度情况

(a) 能源消费总量；(b) 能源强度

数据来源：Enerdata，Enerdata Energy Statistical Yearbook 2017。

1.2.2 能源电力政策

为推动能源清洁化发展，2016 年底，欧盟发布《欧洲清洁能源计划》（Clean Energy For All Europeans）等一系列新能源相关政策与措施，旨在为实现气候目标而提高清洁能源供应和消纳能力。

延伸阅读——《欧洲清洁能源计划》政策要点

(1) 明确对能源效率、可再生能源、电力市场设计、电力供应安全及能源联盟治理规则的规定。

(2) 提出一种新的生态设计方法，以及一种连接和自动化移动的战略。

为推进可再生能源发电市场化发展，德国 2017 年新发布（可再生能源法 - 2017）《EEG - 2017》，全面引入可再生能源发电招标制度，正式结束基于固定上网电价的政府定价机制。

延伸阅读——《可再生能源法 - 2017》政策要点

(1) 实施可再生能源项目招标竞价机制，政府不再以指定价格收购绿色电力，而通过市场竞价，按照出价最低者的价格，补贴新建可再生能源发电入网企业。

(2) 鼓励可再生能源发电商主动对发电状况进行精准预测，以需求为导向，安装远程监测调控装置。

(3) 对于不能进入电力市场交易的小型发电商，系统集成商可代理其售电业务。

为推进电动汽车发展，2017 年，英国、法国、挪威均提议未来禁止销售柴油和汽油汽车。

延伸阅读——政策要点

英国：(1) 英国政府 7 月 23 日宣布，将于 2040 年起全面禁售汽油和柴油汽车，届时市场上只允许电动汽车等新能源环保车辆销售。

(2) 2018 年前所有新出租车实现电气化的要求并实行相应的

财政奖励措施。

法国：2017 年 7 月前后，法国新任环境部长 Nicolas Hulot 宣布将在 2040 年前禁止销售柴油和汽油汽车。

挪威：挪威四大政党达成协议，到 2025 年前禁止销售化石燃料汽车。

波兰：2017 年 2 月宣布了一项投资国内电动汽车制造商的计划，提出了夜间的充电电价，以及 2025 年之前在公路上投放 100 万辆电动汽车的目标。

为推动欧洲电网发展，欧洲输电联盟于 2016 年底发布第四版《十年电网发展规划》（TYNDP2016），旨在加强欧洲电网坚强及互联建设、智能化发展，提升能源效率。

延伸阅读——《十年电网发展规划》政策要点

（1）TYNDP2016 是对 2014 年版本的修改与补充。

（2）该规划阐明了为实现欧洲 2030 年的气候目标，电网方面需要有所改进，预计投入约 1500 亿欧元在电网建设中支持在输电网和储能方面的 200 个项目。

（3）重点增强的十大互联断面：冰岛与英国、英国与挪威、英国与欧洲大陆、北欧与欧洲大陆、波罗的海国家与欧洲其他国家、波兰与周围国家、伊比利亚半岛与欧洲大陆、意大利与周围国家、欧洲东南部与中部、巴尔干半岛互联等。

1.2.3　电力供应和电力消费增长❶

（一）电力供应

欧洲互联电网电力总装机容量持续增长，新增装机主要来自可再

---

❶　自 2016 年 1 月，ENTSO-E 的数据统计增加了土耳其，本次计算欧洲互联电网装机容量及发电量增长率时，在总量中去除了土耳其数据。

生能源，第一大电源种类仍为火电。截至 2016 年底，欧洲互联电网电力总装机容量达到 10.66 亿 kW，同比增长 3.5%，其中火电、非水可再生能源发电、水电、核电装机占比分别为 41%、27%、19.5%、11.7%。2016 年底欧洲互联电网发电装机构成如图 1 - 13 所示。2016 年，欧洲互联电网新增装机 3605 万 kW，其中可再生能源发电装机为 3476 万 kW。冰岛、挪威等 9 个国家可再生能源装机比重超过 50%。

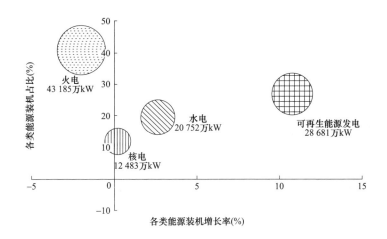

图 1 - 13　2016 年底欧洲互联电网发电装机构成

数据来源：ENTSO - E Statistical Factsheet 2012－2016。

欧洲互联电网发电量实现小幅增长，可再生能源发电为主要增长量，核电负增长。2016 年，欧洲总发电量达到 33 749 亿 kW·h，同比增长 1.33%。火电发电量基本不变，占比 40%；核电同比下降 2.3%，占比 24%；水电同比增长 2.35%，占比 17.3%；可再生能源发电同比增长 4%，占比 17%。ENTSO - E 成员国中，德国发电量最多，达 6096 亿 kW·h，其次为法国、英国、意大利、西班牙。2016 年欧洲互联电网发电量及增长率如图 1 - 14 所示。

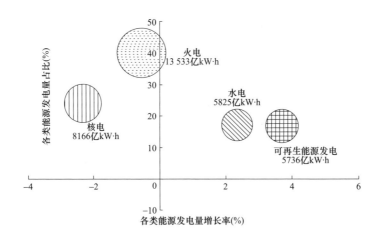

图 1-14 2016 年欧洲互联电网发电量及增长率

数据来源：ENTSO-E Statistical Factsheet 2012—2016。

欧洲互联电网各国之间的电力交易同比减少。2016 年，欧洲互联电网各成员国间交换电量约为 4 241.4 亿 kW·h，占总用电量的 12%，同比下降 5.54%。意大利、瑞士和奥地利是主要电力净进口国，法国、德国和瑞典是主要净出口国。2012—2016 年欧洲电网交易电量变化情况如图 1-15 所示。

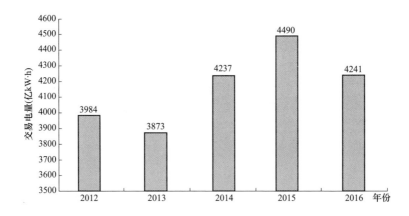

图 1-15 2012—2016 年欧洲电网交易电量变化情况

数据来源：ENTSO-E Statistical Factsheet 2012—2016。

（二）电力消费

欧洲用电量增长，重回 2012 年的水平。2016 年，ENTSO‐E 成员国全社会用电量为 33 313 亿 kW•h，同比增长 1.62%，实现连续两年正增长。德国、法国、英国、意大利、西班牙为电力消费主要国家，合计占比 53.9%。OECD 成员国电能在终端能源消费中的比重为 21.3%，其中法国、德国、英国、意大利、西班牙分别为 24.7%、20.1%、20.8%、20.7%、25%。2012－2016 年 ENTSO‐E 成员国全社会用电量如图 1‐16 所示。

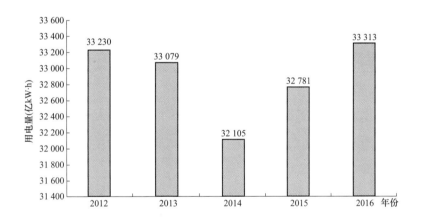

图 1‐16　2012－2016 年 ENTSO‐E 成员国全社会用电量

数据来源：ENTSO‐E Statistical Factsheet 2012－2016。

欧洲电网最大用电负荷在 2014 年后开始大幅增长。2016 年欧洲经济回暖后，欧洲互联电网的最大用电负荷在 1 月 19 日达到 54 537 万 kW，同比增长 3.27%。各国最大用电负荷出现的月份主要集中在 11 月至次年 2 月，最大负荷时间点主要集中在 15：00－19：00。主要负荷集中在德国、法国、英国、意大利、西班牙等发达国家，在总负荷中占比 55.7%。2012－2016 年欧洲电网最大用电负荷如图 1‐17 所示。

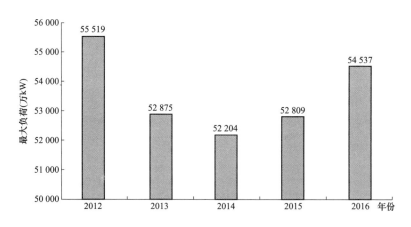

图 1-17　2012—2016 年欧洲电网最大用电负荷

数据来源：ENTSO-E Statistical Factsheet 2012—2016。

1.2.4　电网发展

（一）电网规模

欧洲互联电网的输电线路规模变化较小，跨国互联通道和跨海直流互联通道发展迅速。欧洲电网以陆地交流互联为主，跨海直流互联为辅，主网架以 380kV 为主，欧洲电网常见的电压等级为 750、400、380、330、285 和 220kV。截至 2016 年底，220kV 及以上输电线路总长度约 314 597km，与去年相比基本保持不变，其中 380/400kV 线路同比增长 10.54％，增速比上一年快近 7 个百分点；直流输电线路同比增长 25.76％，增速比上一年快 18 个百分点。2012—2016 年欧洲电网 220kV 及以上输电线路长度见表 1-5。

表 1-5　　　　　2012—2016 年欧洲电网 220kV
及以上输电线路长度

电压等级	2012 年（km）	2013 年（km）	2014 年（km）	2015 年（km）	2016 年（km）	年均增长率（％）	2016 年增长率（％）
220/285kV	142 656	141 359	141 096	140 407	140 761	−0.33	0.25
330kV	4527	9141	9859	10 962	10 730	24.08	−2.12

续表

电压等级	2012 年 (km)	2013 年 (km)	2014 年 (km)	2015 年 (km)	2016 年 (km)	年均增长率（%）	2016 年增长率（%）
380/400kV	150 438	151 272	155 548	156 712	173 233	3.59	10.54
750kV	471	471	471	471	382	− 5.10	− 18.90
直流	5368	5260	5719	5676	7138	7.38	25.76
总计	303 460	307 503	312 693	314 228	332 244	0.91	0.12

（二）网架结构

土耳其于 2015 年 4 月正式加入欧洲电网，"环地中海"电力供应圈形成。土耳其承接欧洲大陆和地中海以南国家，是缝合"环地中海"电力供应圈的关键角色。目前，土耳其现有电网已和部分周边国家相连，主要包括阿塞拜疆、格鲁吉亚、伊朗、伊拉克、保加利亚、希腊和叙利亚，并计划与希腊、伊朗和伊拉克建立 400kV 的联络线。土耳其正式进入欧洲电网将极大推动"环地中海"电力供应概念的发展，促进北非太阳能向欧洲传输。

（三）运行交易

欧洲跨国联络线规模持续增长，跨国电力交易次数多、体量大。2016 年，各成员国间交易电量约为 4241 亿 kW·h，在总发电量中占比 12%。频繁的电力交易带动了跨国输变电线路的建设与发展，市场流动性不断提高，市场快速达成交易的能力提升，成员国日前市场批发电价趋同趋势不断加强。截至 2016 年底，欧洲电网共有 394 条交流和 29 条直流跨国线路。

（四）智能化

基于欧洲配电自动化的全覆盖，2016 年欧洲着重发展分布式电源管理技术，支撑分布式电源的灵活接入。意大利国家电力公司通过提高配电侧对分布式可再生能源的智能集成和管理技术，以及智能电网组件应用，包括强调对电网结构的优化、分布式能源资源的电网规划与管理、电压调整等，为输电系统运营商提供分布式能源的观测和预测信息，以及紧急情况下对分布式能源的控制等，实现节能及可再生能源集成的智能电网管理。

智能电表处于加速推广阶段，少数欧盟成员国已经覆盖全国。随着欧盟委员会提出 2020 年欧洲家庭的智能电表覆盖率达到 80％ 的规划目标后，欧洲正式踏入智能电网改造阶段。在智能电表方面，欧盟总计有 2.81 亿客户量。意大利、瑞典目前已实现智能电表全用户覆盖，总计电表数超过 4000 万只。英、法、西班牙等国也制定了相应规划，预计 2020 年前可以实现全面覆盖。

（五）清洁能源消纳

欧洲通过加大互联通道建设、发挥储能作用等促进了可再生能源消纳。欧洲可再生能源装机容量增长较快，在总装机中占比达 14％。德国、西班牙、葡萄牙电网通过 220kV 及以上跨国联络线与周边国家实现了较强互联，丹麦电网与挪威、瑞典和德国通过 14 回联络线实现互联。挪威利用丰富的水电资源建设抽水蓄能提升电网灵活性，为丹麦等国可再生能源的消纳起到了良好的调节作用，2016 年丹麦风电发电量占总发电量的比重达到 44％，成为世界上风电使用比率最高的国家。为加快可再生能源的开发利用，欧盟提出 2020 年各成员国跨国输电能力至少占本国装机容量的 10％，2030 年达到 15％ 的目标。

欧洲各国大力发展柔性直流输电通道，解决风电并网、薄弱电网互联等问题。柔性直流输电被认为是最适合海上风电送出的实现手段。2016 年，英国国家电网输电公共有限公司（NGET plc）规划到2025 年建设柔性直流近 50 条，以鼓励和促进新能源发展。德国在建用于海上风电接入的柔性直流输电项目共 4 项，总容量约 2600MW。北欧地区规划到 2030 年通过多端柔性直流（MTDC）实现海上风电的接入。欧洲已投产柔性直流输电工程见表 1 - 6。

表 1 - 6　　　　　欧洲已投产柔性直流输电工程

工程名称	直流电压（kV）	容量（MW）	输电线路（km）	投产年
芬兰，Hellsjon - Grangesberg	±10	3	10（架空线）	1997
瑞典，Gotland	±80	50	70	1999
丹麦，Tjareborg	±9	7.2	4.4	2000
挪威，HVDC Troll	±60	2×41	67	2005
芬兰，Estlink	±150	350	105	2007
挪威，HVDC Valhall	±150	78	292	2010
德国，Nord EON 1	±150	400	100	2009
英国 - 爱尔兰，Britain - Ireland	±200	500	260	2012
德国，DolWin 1	±320	800	165	2013
德国，BorWin 2	±300	800	200	2013
德国，HelWin 1	±250	576	130	2013
德国，SylWin 1	±320	864	205	2014
挪威 - 丹麦，Skagerak 4	±500	700	240	2014
瑞典，SydVastlanken	±300	2×720	200	2014
法国 - 西班牙，INELFE	±320	2×1000	60	2014
挪威，Troll 3&4	±60	2×50	67	2015
德国，DolWin 2	±320	900	135	2015
瑞典 - 立陶宛，NordBalt	±300	700	450	2015
芬兰，奥兰群岛，Aland	±80	100	150	2015
德国，HelWin 2	±320	690	130	2015
德国，DolWin 3	±320	900	162	2017

1.3 日本电网

1.3.1 经济社会发展概况

2016 年，日本经济维持低迷，增速仅 1%。货币政策继续宽松刺激了投资增长，但严重的社会老龄化问题加重了政府债务负担，对经济增长带来长期负面影响，整体经济缓慢增长。2016 年，日本 GDP 达到 6046 万亿美元，增速仅 1%，人均 GDP 4.7 万美元，同比增长 1.1%。2012－2016 年日本 GDP 及其增长率如图 1-18 所示。

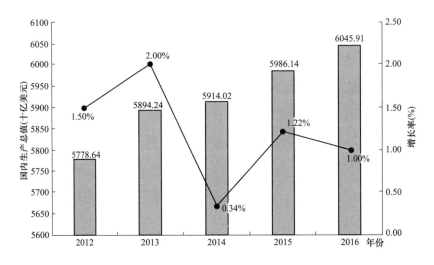

图 1-18　2012－2016 年日本 GDP 及其增长率（以 2010 年不变价美元计）

数据来源：WorldBank 2012－2016。

2016 年，日本能源强度与上一年持平，能源消费总量维持下降趋势。2016 年日本单位 GDP 能耗与去年持平，为 0.106kgoe/美元（2005 年价），在世界主要国家中排名 11。由于国内制造业复苏缓慢，以及节能持续进步，2016 年日本能源消费总量继续下降，降至 423.76Mtoe，降速为 1.4%，但因气候导致的供冷和供热需求增长，降幅略低于去年。人均能源消费 3.44toe，比去年略有增长。2012－

2016 财年❶日本能源消费总量、强度情况如图 1-19 所示。

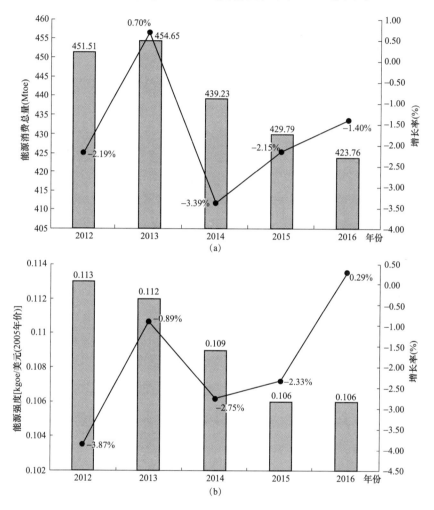

图 1-19 2012—2016 财年日本能源消费总量、强度情况

（a）能源消费总量；（b）能源强度

数据来源：IEA，Electricity Information 2017。

1.3.2 能源电力政策

为落实"巴黎气候变化协定"承诺的 2030 年温室气体排放量与 2013

---

❶ 日本的一个财年从当年 4 月 1 日至次年 3 月 31 日。

年相比减少 26％的目标，日本发布《能源革新战略》《能源环境技术创新战略 2050》《全球变暖对策》等政策，促进能源结构清洁化发展。

2016 年 4 月，日本经济产业省发布《能源革新战略》，主要是通过对能源供给系统的改革，扩大能源投资、提高能效，实现 2030 年能源结构优化，降低温室气体排放。

延伸阅读——《能源革新战略》政策要点

主要对以节能、可再生能源为主的相关制度进行整改，重新制定可再生能源上网电价政策，可再生能源上网电价及相关制度改革主要包括三个方面：将 90％获得上网电价政策支持的光伏项目，根据 2030 年能源结构比例目标，进行合理配置；降低国民负担，高效低成本地使用上网电价政策；充分发挥电力系统改革成果，实现电力交易市场。

2016 年 4 月 19 日，日本政府综合科技创新会议（CSTI）发布了《能源环境技术创新战略 2050》，强调要兼顾日本经济发展及全球气候变化问题，实现到 2050 年全球温室气体排放减半和构建新型能源体系的目标。

延伸阅读——《能源环境技术创新战略 2050》政策要点

（1）能源系统集成领域。利用大数据分析、人工智能、先进的传感器和物联网技术构建一系列智能能源集成管理系统（如 HEMS、BEMS 和 FEMS 等），以实现对建筑、交通和家庭用电信息的实时监测、采集和分析，从而实现对用户用电情况实时性、全局性和系统性远程调控、优化管理，实现"管理节能"和"绿色用能"。

(2) 节能领域。优化各化工原料现有的制造工艺，或者研发先进的制造技术（如高效的膜分离技术、新催化剂）。研发超轻量耐热结构材料：开发变革性的轻量化结构材料和焊接技术，将汽车重量减少50%以上。研发耐高温耐腐蚀材料，保证能够满足效率达60%以上的燃气轮机高温运行环境要求。

(3) 储能领域。研发低成本、安全可靠的快速充放电先进蓄电池技术，使其能量密度达到现有锂离子电池的7倍，同时成本降至十分之一，使得小型电动汽车续航里程达到700km以上；还可用于储存可再生能源，实现更大规模的可再生能源并网。氢燃料制备、存储和使用，研发先进的制氢、储氢和氢燃料发电技术，扩大使用范围，大规模发展氢能供给技术，构建零排放的"氢能社会"。

(4) 可再生能源发电领域。加速研发太阳电池新材料和新结构，将电池光电转换效率提高至目前水平的2倍以上，降低制造和相关配套设施成本，实现光伏发电成本7日元/（kW·h）（约合人民币0.41元）的目标，推进光伏发电技术普及。

(5) 二氧化碳固定及有效利用。开发先进高效的CO_2分离、回收、循环利用技术［如碳捕集与封存（CCS）、生物固碳和人工光合作用等］，实现碳排放减半的目标。

2016年5月13日，日本内阁通过并发布《全球变暖对策》，基于2015年12月通过的应对全球变暖的新国际框架《巴黎协定》，制定了中远期目标，提出了不同领域对策。

延伸阅读——《全球变暖对策》政策要点

(1) 目标。中期：2030年日本国内温室气体排放量较2013年度减少26%；远期：2050年日本国内温室气体排放量较2013年度减少80%。

（2）对策。 工业领域：制定二氧化碳减排目标，应用高能效设备和工厂能源管理系统；商业领域：指定商业楼宇节能标准，推广节能电灯使用；居民领域：提高楼宇能源利用效率，推广家庭能效管理系统和智能电表；交通领域：推广新一代汽车，提升燃料效率，优化交通流，鼓励公共交通；能量转换领域：大力发展可再生能源，提高热电厂效率。

为推动能源电力发展，2016 年 6 月，日本政府发布《日本振兴计划》，明确了能源供给和电力系统发展的主要目标：实现清洁经济的能源供给，建立安全方便经济的下一代电力系统。

延伸阅读——《日本振兴计划》政策要点

（1）实现清洁、经济的能源供给。
2018 年，实现海上悬浮风电商业化；
2020 年，储能电池全球市场份额占比达到 50%；
2030 年，新能源汽车比例提升至 50%～70%。
（2）建立安全、方便、经济的下一代电力系统。
2020 年左右，实现智能电网普及；
2030 年，充分利用传感器等先进信息技术，实现重要电力设施的更新换代。

日本继续推进电力体制改革，2016 年 4 月 1 日起全面放开电力零售市场，允许所有用户自由选择售电商；取消批发市场的价格管制，鼓励发电商、十大区域电力公司和售电商一起进入交易市场。

延伸阅读——政策要点

（1）成立独立电监会，并重振核电、积极减排。 2015 年 7 月 17 日，日本参院全体会议通过了《电气事业法》等相关法规修正案，确定改革第三阶段方案。法案要求除冲绳电力公司外的日本9家发输配售一体的区域电力公司在2020年实现发电和电网环节的法律分离，取消居民电价管制，成立独立的电力监管委员会。

(2) 售电公司加入使传统电力公司受到竞争压力。 近年来，日本售电企业数量猛增，280家公布公司（包括东京、关西等十大电力公司）通过经产省审查，获得售电营业执照。售电公司商业模式大致可分为4种：一是东京、关西等十大电力公司开展售电业务；二是电厂开展售电业务；三是通信、燃气等非电力行业开展售电业务；四是纯售电业务公司。

(3) 实现电网环节中立性。 目前，日本电力批发市场交易并不十分活跃，其主要原因是日本电力公司、零售商与电厂之间的购售电主要是以长期合同为主，这些合同是在电厂建成后就确定的，短期和临时交易所占比重相对较小。根据日本第五轮电力体制改革方案，全面开放零售市场，允许所有用户自由选择售电商；取消批发市场的价格管制，鼓励发电商、十大区域电力公司和售电商一起进入交易市场。

1.3.3 电力供应和电力消费增长

（一）电力供应

2015年，日本电力总装机容量继续保持稳速增长，光伏增速达46.3%，核电、火电装机容量下降。截至2015年底，日本发电装机容量达到3.24亿kW，同比增长2.7%，增速维持在前五年的平均水平，2016年增速为2.5%左右。其中火电装机占比由2011年的64%降到2015年的60%，为日本第一大装机类型，预计火电装机占比将持续下降；核电、水电、风电、太阳能发电装机占比分别为13%、15%、0.9%、10.5%。2015年底日本发电装机构成如图1-20所示。

2015 年，新增装机 860 万 kW，主要来自太阳能发电装机和水电装机，分别增长 1081 万、100 万 kW，核电、火电分别减少 221 万、50 万 kW。

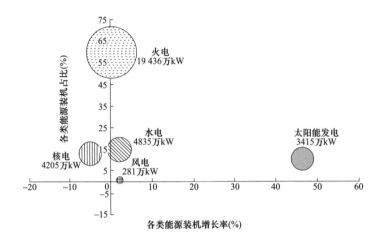

图 1-20 2015 年底日本发电装机构成

数据来源：IEA 2017 Electricity Information。

日本总发电量基本维持恒定，核电和可再生能源发电量持续增加，火电和水电略有下降，火电仍为日本主力电源。2016 年，日本发电量为 10 253 亿 kW·h，同比下降 1.54%。火电发电量在总发电量中占比 84.8%，同比减少 3%；水电发电量在总发电量中占比 8.4%，同比减少 5.7%；可再生能源发电量在总发电量中占比 4.8%，同比增长 19.6%；核电发电量在总发电量中占比 1.8%，同比增长 91.3%。2016 年日本发电量及增长率如图 1-21 所示。

（二）电力消费

日本用电量持续稳定下降。2016 年，日本全社会用电量为 9 268.81 亿 kW·h，同比下降 1.43%。日本人均用电量为 7299kW·h，同比下降 1.32%。电力在终端能源消费中的占比为 28%。2012—2016 财年日本用电量如图 1-22 所示。

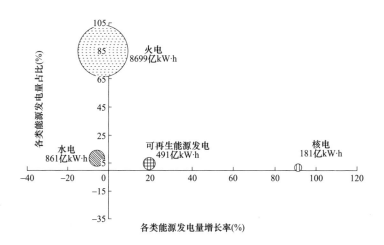

图 1-21　2016 财年日本发电量及增长率

数据来源：IEA 2015—2017 Electricity Information。

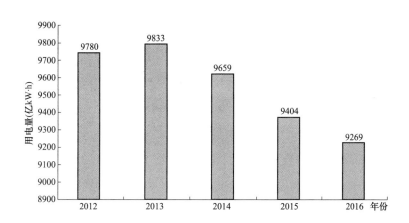

图 1-22　2012—2016 财年日本用电量

数据来源：enerdata 2012—2016。

日本电网最大用电负荷有所波动，总体呈现下降趋势。2015 年，日本电网的最大用电负荷为 15 367 万 kW，同比增长 0.61%，但仍低于 2013 年的水平。2012—2015 财年日本电网最大用电负荷如图 1-23 所示。

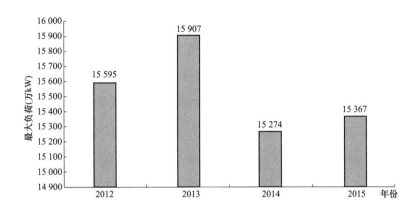

图 1-23 2012—2015 财年日本电网最大用电负荷

1.3.4 电网发展

日本电网覆盖面积 37.8 万 km^2，供电人口约为 1.27 亿，以本州为中心，分为西部电网和东部电网。西部电网的骨干网架是 500kV 输电线路，频率为 60Hz，由关西电力公司负责调频。东部电网包括北海道、东北和东京 3 个电力公司，由网状 500kV 电力网供电。最大负荷中心是东京的城区及其周围（约为东部电网负荷的 80%），频率为 50Hz，由东京电力公司负责调频。东部电网、西部电网之间因电网频率不同，采用直流背靠背联网，通过佐久间（30 万 kW）、新信浓（60 万 kW）和东清水（30 万 kW）三个变频站连接。大城市电力系统均采用 500、275kV 环形供电线路，并以 275kV 或 154kV 高压线路引入市区，广泛采用地下电缆系统和六氟化硫（SF_6）变电站。

（一）电网规模

日本电网趋于成熟，基础设施增速不足 1%。2015 年日本线路总长度 10.3 万 km，同比增长 0.28%，55kV 及以下线路增长最多，新增 163km，增速 0.85%，220kV 线路增长最快，增速 1.5%，187kV 和 500kV 线路零增长，275kV 线路连续三年负增长。由于国土面积狭小，分区较多，2015 年日本 500kV 及以上的输电线路仅 7900km，占总线路长度比重不足 10%，且无新增线路。2012－2015 财年日本各电压等级线路长度统计见表 1 - 7。

表 1 - 7 2012－2015 财年日本各电压等级线路长度统计 km

电压等级	2012 年	2013 年	2014 年	2015 年
55kV 以下	18 964	19 120	19 230	19 393
66～77kV	45 376	45 426	45 457	45 528
110～154kV	16 534	16 538	16 578	16 600
187kV	2744	2744	2751	2751
220kV	2717	2700	2714	2755
275kV	8117	8081	8072	8061
500kV 及以上	7790	7790	7900	7900
合计	102 242	102 399	102 702	102 988

数据来源：日本电气事业联合会。

（二）网架结构

日本通过建立协调机构和建设区域联络线，促进全国范围供需平衡，保障新能源消纳和紧急情况下电网的协调互济。

成立广域系统运行协调机构。负责制定全国范围电力供需和电网建设规划，促进频率转换设备和区域间联络线等输电基础设施建设；与各电力公司调度机构协同调整电力供需和频率。

加强区域间联络电网建设。日本建立可再生能源固定价格收购制度（FIT）后，在政策的激励下，可再生能源发电特别是光伏发电迅猛发展。2017 年 1 月日本光伏发电装机容量达到 43GW，九州电力光伏瞬时出力达到负荷的 2/3。日本的用电负荷中心集中在经济发达的东京、中部和关西地区，距北部的风能及太阳能中心较远。为增加风电和太阳能接纳能力，通过建设"北海道－东北直流通道工程"，将北海道地区与东北地区的互连能力提高至 900MW；通过建设东京－中部直流通道工程，将东部和西部之间的交换容量提升至 2100MW；"中部－关西 500kV 通道工程"正在规划中。

（三）运行交易

日本输变电设备老化问题严重，电网安全运行存在隐患。目前日本电网的输变电设备平均使用年限达到 50 年以上，最高的使用年限超过 70 年。架空线路、电缆线路和变压器均面临严重的设备老化问题，其中架空线路老化问题最为严重，给电网安全运行带来了隐患。

日本电网自动化程度处于世界领先水平，综合线损率维持在 8%左右。日本持续推进电网的自动化，综合线损率从 2010 年开始一直维持在 8%左右的水平，2015 年为 7.8%。以东京电力为例：①调度系统能够分层级完成电力系统的运行监视、设备操作、潮流控制、电压调整、事故处理指挥等功能；②变电站已实现 100%无人值守；③配电线路装配了远程操控开关，一旦发生停电事故，系统不仅可以自动隔离故障区间，保障其他地区正常供电，还能与配电线路修复施工相配合，合理划分停电范围，协助快速恢复供电。1951－2015 财年日本线损率变化如图 1-24 所示。

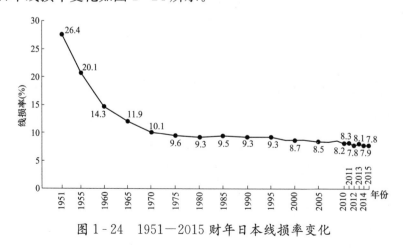

图 1-24 1951－2015 财年日本线损率变化

（四）智能化

日本加快推进智能电表部署，为需求侧响应和其他个性化服务提供基础。日本电力零售侧全面自由化后，打破了十大电力公司在各自管辖区域内垄断经营的模式，促进了需求侧响应、综合能源管理等新业态的发展，对电力数据采集维度、传输速度提出了新要求。以电力市场自由化为契机，日本加快推进智能电表安装部署。2016年，东京电力智能电表增长率为89%，可以实现每30min对客户电力的信息进行远程收集和处理，具备双向计量和通信功能，可实现合同更改。

1.4 巴西电网

1.4.1 经济社会发展概况

近两年，巴西遭遇史上最严重经济危机，经济持续衰退。巴西经济发展主要来自于出口，商品价格大跌、贸易伙伴经济放缓、通货紧缩及政局混乱等因素影响削弱了传统出口产品优势。2016年，巴西GDP为2.2万亿美元，同比下跌3.6%；人均GDP为10 826美元，同比下降4.4%，比2014年下降了10%。2012—2016年巴西GDP及其增长率如图1-25所示。

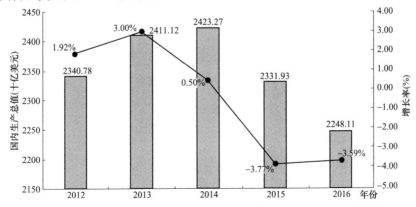

图1-25 2012—2016年巴西GDP及其增长率（以2010年不变价美元计）
数据来源：WorldBank 2012—2016。

2016年，巴西能源强度继续上升，能源消费和人均能源消费比 2015 年下降速度更快。巴西的基础设施建设发展导致能源强度持续上升，2016 年比上一年略有提高，为 0.111kgoe/美元（2005 年价），比 2012 年提高 8%，受经济衰退的直接影响，巴西能源消费总量减少 3%，降至 298Mtoe，仅占全世界的 2% 左右，人均能源消费同比降低 3.8%，降至 1.39Mtoe，是自 2012 年以来最低值。2012－2016 年巴西能源消费总量、强度情况如图 1-26 所示。

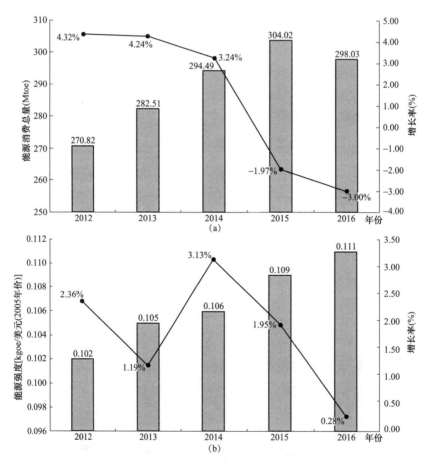

图 1-26   2012－2016 年巴西能源消费总量、强度情况
（a）能源消费总量；（b）能源强度
数据来源：Enerdata，Enerdata Energy Statistical Yearbook 2017。

1.4.2 能源电力政策

（1）2016年，巴西能源政策委员会对《能源十年发展规划 2024》进行了修订，将规划目标年设定调整到 2025年，对经济、能源等规划边界进行了修正。

延伸阅读——《能源十年发展规划 2025》政策要点

（1）将规划目标年调整为 2025年，并对目标年人口、GDP、能源消费总量进行了预测。同时，披露了模型相关参数，便于各利益相关方对发展规划的监督和执行。

（2）通过调整目标年 GDP 总量和能源消费总量，反转了能源消费增速高于 GDP 增速的发展模式，并最终降低能源消费强度。

（3）提高了可再生能源在一次能源消费总量和电力部门的占比，将风电和太阳能的装机容量由 24.2、8.3GW 提升至25.1GW 和 9~11GW。

（2）巴西政府陆续出台多项法令，促进生物柴油在交通及其他领域的利用，稳固本国在生物能源产业的市场地位。

延伸阅读——政策要点

（1）提高掺混比例。自 2017年、2018年和 2019年3月1日起，生物柴油的掺混比例不得低于 8%、9% 和 10%。

（2）成立燃料、石油和生物柴油联合技术委员会。评估"国家生物柴油计划"的实施情况，并向国家矿产能源部提出该领域发展方案和建议。

（3）巴西通过一系列政策支持太阳能行业发展。

延伸阅读——政策要点

（1）2016 年 1 月，巴西众议院矿产能源委员会批准了一项针对光伏组件的免税决议，对无法在巴西本土进行生产的光伏组件，免征进口税。

（2）2017 年，阿特斯阳光电力有限公司和法国电力集团新能源公司（EDF Energies Nouvelles）获得拉美最大政策性银行巴西开发银行 1.63 亿美元（约合人民币 10.92 亿元）项目融资，支持 191.5MW 太阳能光伏电站项目"霹雳波一期（Pirapora I）"的建设。

1.4.3　电力供应和电力消费增长

（一）电力供应

2016 年，巴西电力总装机容量继续保持前五年 5%❶左右的增长速度，继续大力发展水电，主要在北部和东南部地区。可再生能源以风电为主，新增装机集中在东北地区。火电新增装机均匀分布在四个地区。截至 2016 年底，巴西电力装机容量达到 1.48 亿 kW，同比增长 7.1%。其中水电为第一大电源，装机占比 69%，主要分布在东南地区和北部地区；火电、核电、风电、太阳能发电装机占比分别为 22.9%、1.4%、6.7%、0.01%。2016 年底巴西发电装机构成如图 1-27 所示。2016 年，巴西新增电力装机 978.4 万 kW，主要来自水电、风电和火电装机，分别增加 523 万、299 万、157 万 kW。

巴西发电总量基本不变，水电和风电增长显著。2016 年，巴西发电量为 5 676.76 亿 kW·h，与去年基本持平。水电发电量同比增长 68%，在总发电量中占比 73.4%；火电发电量同比下降 27%，

---

❶　基于 2012 年。

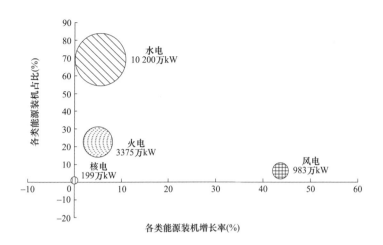

图 1-27　2016 年底巴西电网发电装机构成

数据来源：http://www.ons.org.br。

占比 17.9%；风电发电量同比增长 58%，占比 5.9%；核电发电量
基本维持不变，占比 2.8%。2016 年巴西发电量及增长率如图
1-28 所示。

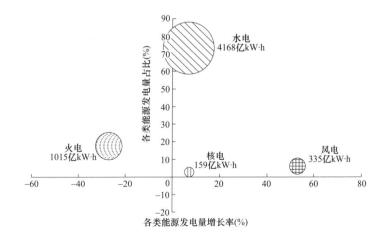

图 1-28　2016 年巴西发电量及增长率

数据来源：http://www.ons.org.br。

（二）电力消费

巴西用电量和人均用电量连续 2 年小幅下降，2016 年降幅较低。2016 年，巴西全社会用电量为 5 093.4 亿 kW·h，人均用电量为 2547kW·h，同比下降均为 0.68％，低于能源消费的降速。2012－2016 年巴西用电量如图 1‐29 所示。

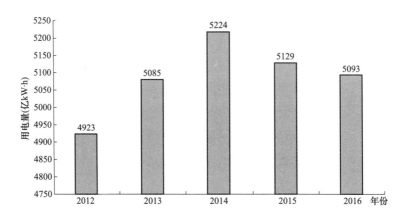

图 1‐29　2012－2016 年巴西用电量

数据来源：http：//www.ons.org.br。

巴西电网最大负荷降幅较大，主要负荷集中在东南地区。巴西电网近 60％的负荷集中在东南地区，最大负荷月份一般集中在 12 月至次年 2 月，时间点主要集中在 14：00－16：00。2016 年，巴西电网最大负荷发生在 2 月 17 日，峰值达 8 258.7 万 kW，同比下降 3.3％。2012－2016 年巴西电网最大用电负荷如图 1‐30 所示。

1.4.4　电网发展

巴西幅员辽阔，国土面积居世界第五，从北部到东南部的输电跨度在 2000km 以上。目前已形成南部、东南部、北部和东北部四个大区互连电网，在亚马孙地区还有一些小规模的独立系统。巴西输电线路主要集中在东南部、南部和东北部主要城市，用电负荷最大的区域是东南部，与北部过剩的装机容量空间距离较远。

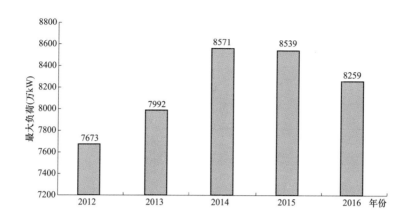

图 1-30 2012—2016 年巴西电网最大用电负荷

数据来源：http://www.ons.org.br。

（一）电网规模

2016 年巴西电网线路增长以 500kV 和 230kV 线路为主。2016 年，巴西线路总长度为 50 429km，同比增长 4.6％。巴西的输电网主要是由 230、345、440、500kV 和 750kV 交流电压等级及±600kV 的直流电压等级构成。其中 500kV 线路增长迅速，2016 年增速高达 9.68％。750kV 近 6 年没有新增，直流输电线路在 2013 年投产一条南部的伊泰普水电站——东南部的±600kV 线路后没有新增。2011—2016 年巴西各电压等级线路长度统计见表 1-8。

表 1-8　　**2011—2016 年巴西各电压等级线路长度统计** 　　　　km

电压等级	2011 年	2012 年	2013 年	2014 年	2015 年	2016 年
750kV	1722	1722	1722	1722	1722	1722
500kV	33 871	34 554	37 855	39 284	41 067	45 041
440kV	6836	6884	6884	6884	6889	6977
345kV	9236	9398	9447	9497	9497	9514

电压等级	2011 年	2012 年	2013 年	2014 年	2015 年	2016 年
230kV	42 191	44 346	45 894	47 855	49 315	50 429
直流	0	0	4772	4772	4772	4772
总计	93 984	97 032	106 701	110 142	113 420	118 613

数据来源：http：//www. ons. org. br/pt/paginas/resultados - da - operacao/historico - da - operacao。

受经济危机影响，巴西用电量和最大负荷连续两年下降，变电容量增速放缓。 巴西经济持续衰退，五年平均增速 5.3％，2016 年增速为 2.9％，比上一年下降 2.6 个百分点，最大负荷同比下降 3.3％。由于北部地区水电站和东北部风电机组的开发和建设，两地区变电容量发展迅速，五年平均增长率高达 12.42％和 8.64％，2016 年增长超过 4％。2011—2016 年巴西各地区变电容量统计见表 1 - 9。

表 1 - 9　　　　**2011—2016 年巴西各地区变电容量统计**　　　　MV·A

地区	2011 年	2012 年	2013 年	2014 年	2015 年	2016 年
北部	13 296	14 419	18 132	20 468	22 136	23 029
东北部	32 549	38 049	42 249	45 604	50 854	53 011
南部	44 872	46 431	49 167	51 929	54 661	56 435
东南部	123 520	132 705	137 935	144 114	148 985	152 265
总计	214 237	231 604	247 483	262 115	276 636	284 740

（二）运行交易

巴西输配电线路耗损率高，输配电网改造升级空间大。 巴西线损率自 2011 年以来一直维持在 16％以上，除 2013 年略有下降外，线损率逐年升高，2016 年高达 19.3％，同比增长 4.3％，其中北部地区是线损最高的地区，2016 年升至 28.2％。巴西的北部电源中心和东南部负荷中心输电跨度较大，超过 2000km，国内运行线路最高电压等级交流为 750kV，仅有一条 1722km 的线路，远距离输电线路以 500kV 和 220kV 为主，电压等级较低，造成输电线路损耗率较高。 2011－2016 年巴西电网各区域线损率（含输配）见表 1 - 10。

表 1 - 10   2011－2016 年巴西电网各区域线损率（含输配）　　%

地区	2011 年	2012 年	2013 年	2014 年	2015 年	2016 年
南部	12.9	14.0	13.9	13.7	14.4	14.9
东南部	16.9	17.4	16.6	17.3	18.1	19.2
北部	16.1	17.6	21.5	25.7	28.5	28.2
东北部	18.8	19.8	18.8	18.4	18.9	19.9
总计	16.4	17.2	16.9	17.5	18.5	19.3

巴西配电市场化程度高。目前巴西配电公司主要以州为范围开展业务，私有配电企业占据主体地位，市场份额约为 60%。排名靠前的 CPFL、Eletropaulo 都被外资控股。国家电网公司收购巴西最大配电公司 CPFL，打通了发、输、配、售的全产业链，同时掌握新能源发电业务。国家电网公司在建的巴西美丽山一期、二期特高压输电项目是将北部水电资源输送到圣保罗和里约等地，其中圣保罗是 CPFL 主要的供电区域，收购将触发协同效应。

（三）智能化

巴西加大在智能电表领域的投资以减小电网非技术性损失。据巴西能源管理机构 ANEEL 测算，巴西某些州的电网非技术性损失包括偷电等原因，已经达到 10%～22%。2016 年，巴西电力公司 Eletrobras 与西门子公司合作，在巴西北部和东北部的六个州启动了 Energia＋项目，目标是通过智能计量解决方案，帮助 Eletrobras 和巴西的电力监管机构显著和持续地减少非技术性损失造成的经济损失。

（四）清洁能源消纳

通过建设特高压直流输电满足北部大规模水电外送需求。巴西

40%以上的水电新增装机来自北部地区，目前投运水电站装机容量超过 39GW，2021－2024 年规划新建水电站装机 12GW，而巴西负荷中心在东南部地区，2016 年 1 月开工建设 1 条巴西美丽山水电±800kV特高压输电通道。

1.5 印度电网

1.5.1 经济社会发展概况

印度 GDP 连续三年增长率超过 7%，成为全球增长最快的国家，但人均 GDP 仍较低。2016 年，印度加大对公路、铁路等基础设施建设投资，GDP 达到 2.5 万亿美元，增速达 7.1%；人口 13.2 亿，同比增长 1.2%；人均 GDP 为 1758 美元，增长不到 6%，在全球排名第 145 位，与世界发达国家仍有很大差距。2012－2016 年印度 GDP及其增长率如图 1-31 所示。

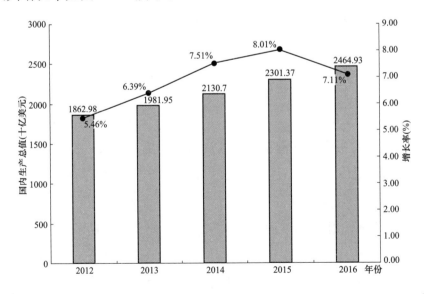

图 1-31 2012－2016 年印度 GDP 及其增长率（以 2010 年不变价美元计）
数据来源：WorldBank 2012－2016。

2016 年，印度能源强度降至世界平均水平的 83％，能源消费持续快速增长，人均能源消费缓慢上升。 印度以服务业为主的产业结构，能源供应结构改革，使得印度能源强度下降较快，与 OECD 国家基本持平，2016 年降至 0.12kgoe/美元（2005 年价）。但受人口增长和城市化推进的影响，印度能源需求仍保持较快增长，2016 年能源消费总量为 845.3Mtoe，同比增长 4.6％。印度人口约占世界总人口的五分之一，但能源消费仅占全世界的 6％左右，人均能源消费水平较低，2016 年为 0.67toe，同比增长 3.4％。2012－2016 年印度能源消费总量、强度情况如图 1-32 所示。

1.5.2 能源电力政策

（1）为推进能源独立。2017 年，印度政府计划成立国家能源政策审查委员会，发布《能源独立》（NEP）草案，旨在实现总理纳伦德拉·莫迪领导下的印度能源独立。

延伸阅读——《能源独立》（NEP）草案政策要点

（1）取代团结进步联盟（UPA）政权时期的集成能源政策，为政府大力推进清洁能源、降低石油进口勾勒蓝图。

（2）草案目标：迎合广泛消费者的更多选择，并在 2040 年前为印度提供公平的竞争环境、保障经济和能源安全。

（3）提出了以 2030 年为目标年的早期行动计划：①提出大幅减小城乡能源消耗的跨部门干预措施，包括到 2022 年实现 100％的电气化和清洁烹饪覆盖率；②提高能源生产、运输和分销的商业化水平，通过提高市场效率降低能源价格。

（4）强调能源效率、技术、监管、海外业务、空气质量及能源领域的人力资源投入培养。

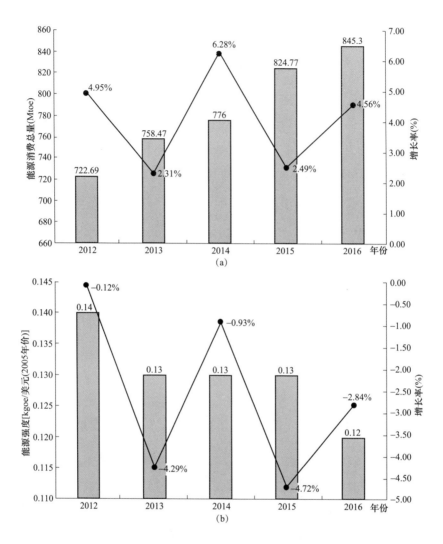

图 1-32 2012—2016 年印度能源消费总量、强度情况

（a）能源消费总量；（b）能源强度

数据来源：Enerdata，Enerdata Energy Statistical Yearbook 2017。

（2）为发展清洁能源。印度总理莫迪积极推进 2015 年巴黎气候高峰会期间 121 个国家成立"国际太阳能协会（ISA）"宗旨，于 2016 年获得世界银行 10 亿美元贷款，用于在近两年大力发展太阳能。

延伸阅读——政策要点

（1）"国际太阳能协会（ISA）"宗旨：在全球各地推广太阳能发电，目标在2030年时争取到1万亿美元的投资。

（2）10亿美元贷款用途：发展屋顶型太阳能、大型太阳能园区、太阳能与其应用结合的混和式用途、电网传输等技术。

（3）为推动可再生能源并网。2017年，印度中央电力管理局公布第三份《国家电力规划（草案）》，对印度未来十年的电力需求及发展做出了预测和建议，旨在提高可再生能源并网规模，提升地区发电侧清洁化程度。

延伸阅读——《国家电力规划（草案）》政策要点

（1）预测在2022年，非化石能源将占总发电装机的近47%、煤电占比从现在的60%降至48%。到2027年，可再生能源的装机比例将进一步增至56.5%。

（2）为实现2022年可再生能源发电装机175GW的目标（该目标与印度的《巴黎协定》承诺相一致），且考虑到目前已有50GW煤电项目在建，印度至少在2027年前无须新建任何煤电产能。

（3）可再生能源对满足印度峰值电力需求至关重要，为应对可再生能源的波动性和间歇性，草案将各个地区间的输电走廊列入重点发展领域。

1.5.3 电力供应和电力消费增长

（一）电力供应

印度电力总装机容量持续快速增长，私营企业发展较快。新增装机主要来自可再生能源与煤电，可再生能源新增装机主要分布在北部、西部和南部，煤电新增装机集中在北部和南部。截至 2017 年 3 月，印度电力装机容量达到 3.27 亿 kW，同比增长 9.7％。其中煤电装机占比 58.8％，气电、油电、核电、水电、非水可再生能源发电装机占比分别为 7.8％、0.26％、2％、13.6％、17.5％。2017 年 3 月底印度发电装机构成如图 1-33 所示。2016 财年❶，印度新增装机 2879 万 kW，其中私营企业投资装机容量占比达 78.6％，主要电源类型为非水可再生能源发电和煤电，分别增加 1844 万、699 万 kW。

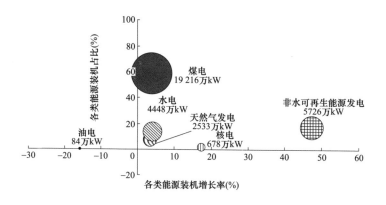

图 1-33　2017 年 3 月底印度发电装机构成

印度发电量持续快速上涨，总发电量仅次于美国和中国。2016 财年，印度发电量 12 360.6 亿 kW·h，同比增长 5.4％。其中火电发电量在总发电量中占比 80％，同比增长 5.4％；非水可再生能源发电量同比增长 16％，占比 6.6％。与上一年相比，核电、水电发电量基本保持不变，占比分别为 3％、9.9％。2016 财年印度发电量及增长

---

❶ 印度的某一财年为该年 4 月 1 日到次年 3 月 31 日，比如 2016 财年为 2016 年 4 月 1 日至 2017 年 3 月 31 日。

率如图 1‐34 所示。

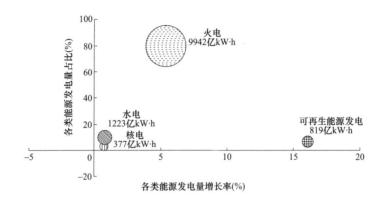

图 1‐34 2016 财年印度发电量及增长率

尽管发电量持续上涨，仍无法满足本地电力需求，电力进口量同比增加。印度国家电网与不丹同步连接，与孟加拉国和尼泊尔异步相连。印度的天然气采量不足以满足其消费需求，通过向孟加拉国和尼泊尔输出电力换取天然气，并从不丹进口电力。2016 财年印度从不丹进口电量 56.44 亿 kW•h，同比增长 7.63%，相较于2012 年增长 17.7%。2012—2016 财年印度从不丹进口电量如图1‐35所示。

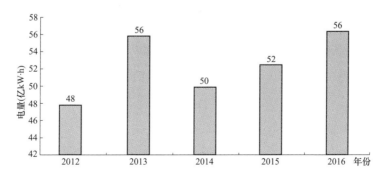

图 1‐35 2012—2016 财年印度从不丹进口电量

（二）电力消费

印度用电量保持稳定增长，电气化推进速度加快。 2016 财年，印度全社会用电量 10 654.72 亿 kW·h，同比增加 5.8%，比能源消费增速高 1.2 个百分点；印度人均用电量为 1075kW·h，同比增长 6.4%，比能源消费增速高 3 个百分点。2012—2016 财年印度用电量如图 1-36 所示。

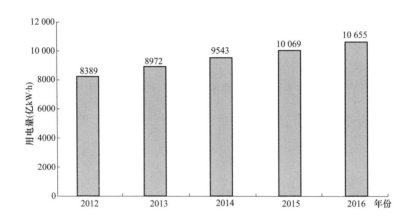

图 1-36　2012—2016 财年印度用电量

数据来源：enerdata 2016。

印度电网最大用电负荷持续增长，电力保供压力增大。 随着高耗能行业的快速发展，2016 财年印度电网最大用电负荷达 15 954 万 kW，同比增长 4%。负荷主要集中在印度北部、西部、南部地区，占总负荷的 90.4%，其中北部地区电力装机缺口最大，南部地区首次实现供需平衡。2012—2016 财年印度电网最大用电负荷如图 1-37 所示。

1.5.4　电网发展

印度电网由隶属中央政府的国家电网（由跨区电网和跨邦的北部、西部、南部、东部和东北部 5 个区域电网组成）和 29 个邦级电

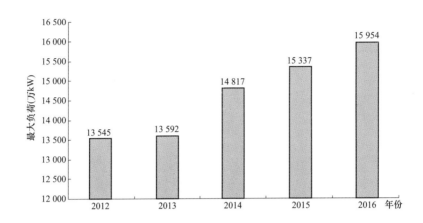

图 1-37　2012—2016 财年印度电网最大用电负荷

数据来源：Government of India Ministry of Power Central Electricity Authori-
　　　　　ty New Delhi。

网组成。北部－东北部－东部－西部形成同步的中央电网，区域电网
之间以 400kV 交流为主，南部电网通过 ±500kV 高压直流与东部和
西部区域电网异步互联，覆盖面积约 328 万 km²。印度主要负荷中心
集中在南部、西部和北部地区，能源及电力流动具有跨区域、远距
离、大规模的特点。印度电网的输电方向主要为东电西送，再辅以北
电南送。

（一）电网规模

印度输电线路保持平稳增长，765kV 交流和直流增长迅速。 截至
2017 年 3 月底，印度输电线路合计 36.8 万 km，同比增长 7.7%，与
近五年平均增速持平。其中 765kV 增长最快，同比增长 28.9%；直
流线路在经历 2012—2014 财年的稳定后迎来大规模发展，2016 财年
同比增长 20.2%。2012—2016 财年印度电网 220kV 及以上输电线路
回路长度见表 1-11。

表 1-11　　　　　2012－2016 财年印度电网 220kV 及以上输电
线路回路长度

线路长度	2012 财年（km）	2013 财年（km）	2014 财年（km）	2015 财年（km）	2016 财年（km）	同比增长（%）
765kV	6459	11 096	18 644	24 245	31 240	28.9
400kV	118 180	125 957	135 949	147 130	157 787	7.2
220kV	140 517	144 851	149 412	157 238	163 268	3.8
直流	9432	9432	9432	12 938	15 556	20.2
总计	274 588	291 336	313 437	341 551	367 851	7.7

印度变电容量增速快于线路增速，直流换流容量增长最快。截至
2017 年 3 月底，印度 220kV 及以上变电容量为 74.1 万 MV·A，同比
增长 12.4%，较线路增速快 4.7 个百分点。其中直流换流容量增长
最快，同比增长 30%；765kV 变电容量次之，同比增长 18.8%。
2012－2016 财年印度电网 220kV 及以上变电容量见表 1-12。

表 1-12　　　2012－2016 财年印度电网 220kV 及以上变电容量

变电容量	2012 财年（MV·A）	2013 财年（MV·A）	2014 财年（MV·A）	2015 财年（MV·A）	2016 财年（MV·A）	同比增长（%）
765kV	49 000	83 000	121 500	141 000	167 500	18.8
400kV	167 822	177 452	192 422	209 467	240 807	15.0
220kV	242 894	256 594	268 678	293 482	312 958	6.6
直流	13 500	13 500	13 500	15 000	19 500	30.0
总计	473 216	530 546	596 100	658 949	740 765	12.4

印度电网与电源和负荷发展基本协调。2016 年，印度经济高速
发展，总装机增长近 10%，电量同比增长近 6%，最大负荷同比增长
4%，装机略超前于负荷增长。变电容量增速高于负荷 8.4 个百分点，
线路长度和变电容量分别超前于电量增速 1.7 和 6.4 个百分点。变电

容量与装机比为 2.27，同比增长 2.5%；变电容量与负荷比为 4.64，同比增长 8%。

（二）网架结构

印度推进±800kV 特高压直流项目建设，最高电压等级提升到 1200kV。 2015 年 9 月，印度第一条 ±800kV 特高压直流线路 Biswanath Chariali（Assam）- Agra（Uttar Pradesh）双极线路正式投运，线路总长 3506km。2017 年 3 月，Champa - Kurukshetra 的 ±800kV特高压直流线路开始商业运行，线路长度为 2576km，额定容量1500MW，总投资约为 630 亿卢比，用于实现西部－北部互联❶。该项目计划通过增加约 520 亿卢比的投资建设第二条特高压直流，容量为 3000MW，预计在 2018 年 12 月完成❷。

印度电网"最后一公里"问题突出，集中了全球近四分之一的无电人口。 2016 年，印度无电村庄有 5384 个，占印度村庄比例的 8‰，无电村庄主要分布在北部和东北部地区。但无电家庭超过 4800 万户，比例达到 25.4%。无电人口接近 3 亿，约为全球 14 亿无电人口的 21%。无电人口中三分之二位于人口稠密的印度北部和东北部地区，Uttar Pradesh 邦和 Bihar 邦尤甚，Jharkhand 邦无电人口比例最高，超过 50% 的家庭没有供上电。

（三）运行交易

印度加大跨区域输电通道建设，跨区输送容量大幅提高。 2016 年，印度跨区域输电通道容量达到 58GW，同比增长 25%，较 2012 年增长 1.09 倍。根据印度"十二五"计划，2017 年跨区域输电通道

---

❶ 资料来源：Annual Report - Final 2013－2016，Power Grid Corporation of India Ltd.。

❷ 资料来源：Transmission Plan for Envisaged Renewable Capacity，Power Grid Corporation of India Ltd.。

容量将进一步达到 75GW，同比增长 30.3%。其中，东部与北部跨区互联容量最大，达 19.5GW，同比增长 23.4%。印度经济发展中心北移，为实现向北部送电，大力建设与北部相关的跨区输送通道，五年累计新增规模占全部新增规模的 48.2%，其中 2017 年占 52.3%。2012－2016 财年印度电网区域间传输容量见表 1-13。

表 1-13　　　2012－2016 财年印度电网区域间传输容量　　　　MW

区域	2012 财年	第十二个五年计划（新增）						2017 财年
		2013 财年	2014 财年	2015 财年	2016 财年	2017 财年	五年合计	
东部－北部	12 130	0	2100	0	1600	3700	7400	19 530
东部－西部	4390	0	2100	4200	2100	0	8400	12 790
东部－南部	3630	0	0	0	0	4200	4200	7830
东部－东南部	1260	0	0	1600	0	0	1600	2860
西部－北部	4220	2000	2500	0	4200	2500	11 200	15 420
西部－南部	1520	0	2100	2100	2200	4200	10 600	12 120
北部－东北部	0	0	0	0	1500	3000	4500	4500
132kV（区域间）	600	0	0	0	0	0	0	600
总计	27 750	2000	8800	7900	11 600	17 600	47 900	75 050

印度是全球主要国家中输配电损耗最高的国家，电网建设和管理升级迫在眉睫。印度偷电现象严重，输电线路老化严重，线路、变压器等输配电设备落后，监管机制不完善，电网自动化水平不足等使输配电网损耗率居高不下。2015 财年，印度在输配电环节的损耗率高达 22.77%，几乎所有州邦的输配电损耗率都超过 15%，最高超过 50%，是世界上输配电损耗最高的国家之一。2010－2015 财年印度电网损耗见表 1-14。

表 1 - 14 　　　　　　　2010－2015 财年印度电网损耗　　　　　　　 ％

电网耗损	2011 财年	2012 财年	2013 财年	2014 财年	2015 财年
输配损耗	23.97	23.65	23.04	21.46	22.77
全部网损	26.35	26.63	25.48	22.58	24.62

印度电网平均停电时间大幅降低，但地区差异仍较为显著。月平均停电时间从 2016 年 5 月的 19.4h 下降到 2017 年 3 月份的 6.1h，在不到 1 年的时间里下降幅度超过 68％。但是地域差异仍较为明显，大城市的供电持续性显然比其他地区要好，查谟 - 克什米尔邦、北方邦地区停电情况非常严重，而在被称为"印度广州"的古吉拉特邦和重要经济中心之一的马哈拉施特拉邦，停电情况已得到显著改善。2016 年 5 月－2017 年 3 月印度月平均停电时间如图 1 - 38 所示。

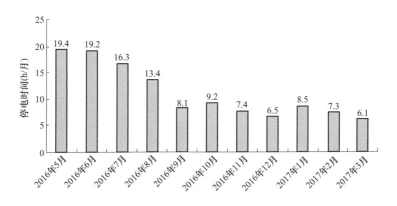

图 1 - 38　2016 年 5 月－2017 年 3 月印度月平均停电时间

印度不合理的电价体系是导致部分邦电力短缺的主要原因。印度装机以火电为主，印度政府为了提升制造业竞争力、争取低收入选民支持，通过行政手段长期维持低于成本的电价，而进口煤远高于国产煤价格，致使电厂与各地方邦的配电公司签订的售电协议价格仅在使用廉价国产煤情况下存在利润空间，而印度 38％的火电装机来自私营电厂，在利润不足的情况下必然造成电力供应不足。

2016 年，印度在全国范围仍有 2608MW 的电力短缺，约 1.6％的电力需求没有得到满足，北部负荷中心电力缺口较为严重，Jammu & Kashmir 邦电力缺口达到 20％，Uttar Pradesh 邦电力缺口近 10％。

（四）智能化

印度持续加大输配电设备和控制系统的升级改造。2014 年 11 月，印度相继发布 53 亿美元的综合电力发展计划和 54 亿美元的农业配电网升级方案，旨在加强配电网建设。2014－2016 年，印度国家电网实施了 URTDSM 项目，建立了分层分区域的电网广域测量和通信系统。自 2015 年开始，在 UDAY 项目的支持下，大力推进馈线测量单元和配电变压器量测单元的部署。目前，城市和农村电网的馈线量测已全部覆盖，配电变压器量测覆盖率分别达到 53％和 44％。同时，UDAY 项目开展了智能电表的部署计划，将在 2019 年之前部署 3500 万个智能电表，优先覆盖月耗电量大于 500kW·h 的用户、线损率高于 15％的区域和高耗能区域。

（五）新能源消纳

低成本的可再生能源发电促进了其装机迅速扩张，印度通过建设"绿色能源走廊"项目提升可再生能源消纳能力。莫迪政府提出了到 2022 年光伏装机达到 1 亿 kW 的宏伟目标。2017 年 2 月，印度太阳能拍卖电价已经降至每度 2.97 卢比左右（约 0.3 元人民币）；3 月，风电拍出历史低价，每度电仅为 3.46 卢比（约 0.37 元人民币）。印度建设了六个大型的可再生能源发电基地，为提升区域间电网传输能力，促进可再生能源消纳，印度计划投资 58.2 亿美元建设"绿色能源走廊"项目，其中 52.2 亿美元用于建设和增强邦内和邦间的输电线路，6 亿美元用于控制基础设施建设，包括可再生能源预测、调度和监控系统中心，动态无功补偿 SVC/STATCOM 和电网级储能。

2015 年，印度国家电网公司获得亚洲开发银行 10 亿美元贷款。目前资金已用于升级拉贾斯坦邦和旁遮普邦的 765kV 高压输电线路和变电站，提高从西部到南部地区的能源输送；建设恰蒂斯加尔邦、泰米尔纳德邦和喀拉拉邦的高压直流工程，促进地区间输电能力从 10GW 提升至 16GW。

1.6 小结

世界经济发展分化趋势加剧，北美和欧洲经济保持复苏势头，印度保持高速增长，而巴西仍然萧条。2016 年，北美地区、欧洲和日本等发达经济体经济缓慢复苏，增长率在 1%～2%。印度经济增速有所下滑，但仍高达 7.1%，位列主要经济体首位。受投资、消费持续收缩影响，巴西经济深陷衰退，经济增加值较上一年下跌 3.6%。

发达国家（地区）能源消费和经济发展基本脱钩，而发展中国家能源消费总量和强度变化与经济状态关联密切。2016 年，北美、欧洲能源消费总量与上年持平，但能源消费强度持续下降。欧洲能源强度低于世界平均水平近 30%，美国、加拿大仍高于世界平均水平，节能潜力较大。日本由于经济持续低迷，且在节能领域进展较快，能源消费总量反而下降。印度能源强度下降较快，但受人口增长和城市化推进的影响，印度能源需求仍保持较快增长，能源消费同比增长 4.6%。受经济衰退的直接影响，巴西能源消费总量继续下降，但基础设施建设等高能耗经济活动拉高了能源强度。

各国大力发展清洁能源，风电和光伏装机迎来爆发式增长，电气化程度不断提高，电网发展迎来新机遇。从电力供应来看，各国积极发展太阳能、风能、生物质能等可再生能源装机，除此之外，具备资源条件的北美、欧洲和巴西等地区和国家大力发展天然气、水电等清洁能源，电力装机向大规模清洁化发展。主要国家中，除印度外，其余联合电网或国家电力保障供应充足。从电力消费来看，除日本、巴西外，最大用电负荷在 2014 年后均有所增长。随着电能替代措施的实施，各国电气化程度不断提高，其中以日本电气化程度最高，其电能在终端能源消费中的比重达 28%。

各国电网发展动因不一，但整体持续向互联化、智能化、清洁化方向发展。北美、欧洲和日本等地区和国家电网结构较为成熟，规模变化较小，但面临电源结构调整、设备老化等问题。北美联合电网产权分散，缺乏统筹规划，传统电网公司缺乏投资动力，而私人投资公司加快介入新能源送出项目。欧洲联合电网发布新版十年发展规划，明确项目投资范围，加快区域联网建设。日本推进全国联通的输电网络及中转设施规划，促进全国范围供需平衡，保障新能源消纳和紧急情况下电网的协调互济。巴西、印度等发展中国家电网面临的主要问题是电网和电源、负荷发展的不匹配，巴西为将北部的水电输送到东南部的负荷中心，积极发展特高压，于 2016 年 1 月开工建设美丽山水电 ±800kV 特高压输电通道；印度为实现 2022 年消纳 100GW 光伏和 65GW 风电的规划目标，加大跨区域输电通道建设，2017 年通道容量将达到 75GW。

2

中国电网发展分析

中国大陆电网（简称"中国电网"）覆盖全国 23 个省、4 个直辖市和 5 个自治区，供电人口约为 14 亿，由国家电网公司、中国南方电网公司和内蒙古电力（集团）有限责任公司❶ 3 大电网运营商运营。其中，国家电网公司经营区域覆盖 26 个省（区、市），覆盖国土面积的 88%，供电人口超过 11 亿人；南方电网公司经营区域覆盖云南、广西、广东、贵州、海南五省（区），覆盖国土面积 100 万 km^2，供电总人口 2.3 亿人，同时兼具向中国香港、澳门送电的责任；内蒙古电力（集团）有限责任公司负责蒙西电网运营，供电区域 72 万 km^2，承担着自治区 8 个盟市工农牧业生产及城乡 1388 万居民生活供电任务。蒙西电网和华北电网采用联合调度的方式，从调度关系上看，蒙西电网是华北电网的组成部分。本章针对中国电网的现状，从发展环境、投资造价、电网规模、网架结构、运行交易、电网运营等方面进行分析，总结了发展成效、存在问题和发展重点，为分析电网下一步发展趋势提供基础支撑。

2016 年，中国电网保持平稳增长，输电能力不断提高，为经济社会发展提供可靠电力，其中特高压工程投产较多，线路长度、变电容量同比增长均超过 50%。电网发展取得一系列成效，但也存在"两头薄弱""强直弱交"、城乡发展不协调等问题，未来需要进一步

---

❶ 由于内蒙古电力（集团）有限责任公司经营区电网数据收集困难等因素，在电网经营区层面的分析中部分指标不涉及。

促进各级电网、送端和受端电网、城乡电网，以及源网荷等方面的协调发展，更好地服务经济社会发展、服务人民生产生活对优质电能的需要。

2.1　中国电网发展环境

2.1.1　经济社会发展概况

2016 年，中国经济缓中趋稳、稳中向好，经济运行呈现出以下总体特征。

经济保持中高速增长，是世界经济复苏的主要动力。2016 年，中国 GDP 为 74.4 万亿元，占世界总量的 14.9%，同比增长 6.7%，虽然增速慢于印度，但增量位居世界第一。2010－2016 年中国国内生产总值及其增长速度如图 2-1 所示。从总量上看，广东、江苏、山东、浙江、河南等五省经济总量持续保持全国领先；从增速上看，重庆、贵州、西藏、天津、江西等中西部省（市）全国领先。

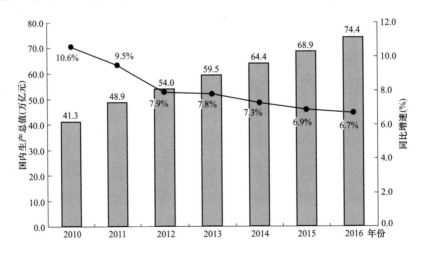

图 2-1　2010－2016 年中国国内生产总值及其增长速度

产业结构优化升级，支撑带动经济社会发展。中国经济结构进一步优化升级，第三产业持续较快发展，增加值比重达到 51.6%，第二产业增加值比重下降到 39.8%，第一产业增加值比重多年持续低于 10%。2010—2016 年中国三大产业结构如图 2-2 所示。新旧动能接续转换，装备制造业和高新技术产业增长明显快于传统产业，2016年合计占工业增加值的比重达 45.3%。

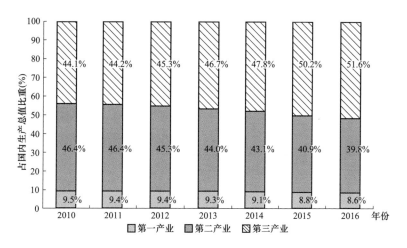

图 2-2　2010—2016 年中国三大产业结构

能源消费总量增速和能源消费强度双重下降。2016 年，中国能源消费总量为 43.6 亿 tce，同比增长 1.4%；1.4% 的能源消费增长拉动 6.7%GDP 增长，能源驱动经济发展的效益提升。2011—2016 年中国能源消费总量及增速如图 2-3 所示。2016 年，中国单位 GDP 能耗为 0.179kgoe/美元（2005 年价），同比下降 5.6%，较 2011 年下降 21.5%，但仍高于世界平均水平约 25%，未来能源消费强度进一步下降空间巨大。2011—2016 年中国与世界单位 GDP 能源消费强度比较如图 2-4 所示。

电能占终端能源消费比重持续提高。2016 年，全社会用电量为59 198 亿 kW·h，同比增长 5%，高于能源消费增长 2.6 个百分点。2011—2016 年中国用电量及增速如图 2-5 所示。2016 年，中国电能占终端能源消费比重为 22%，同比提高 0.7 个百分点。根据电力

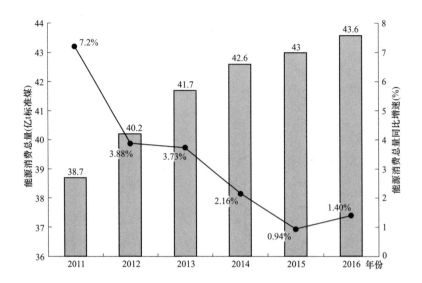

图 2 - 3　2011—2016 年中国能源消费总量及增速

数据来源：中国电力企业联合会、电力规划设计总院。

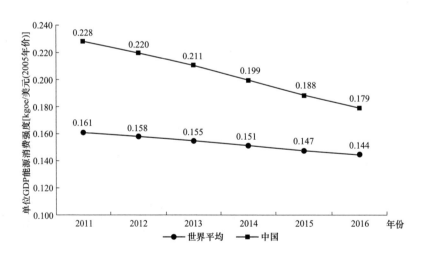

图 2 - 4　2011—2016 年中国与世界单位 GDP 能源消费强度比较

数据来源：Enerdata 2017。

"十三五"规划，2020 年，预计中国电能占终端能源消费比重上升

到 27%。

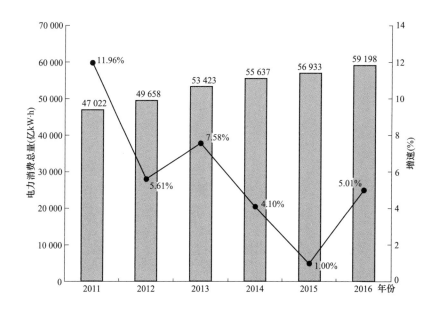

图 2-5 2011—2016 年中国用电量及增速

数据来源：中国电力企业联合会、电力规划设计总院、电力"十三五"规划。

2.1.2 能源电力政策

（一）调控电源规划建设，缓解电力过剩产能

（1）化解煤电潜在过剩风险。

政策背景：

近几年经济增长进入新常态，全国电力需求增速低迷，但装机容量却较快增加，2016 年全国发电设备平均利用小时数 3797h，同比下降 191h，其中火电设备平均利用小时数为 4186h，同比下降 178h，创下自 1969 年以来的新低，连续两年低于 4500h 的红线。一般而言，5500h 往往是煤电机组规划设计的基准线，如果利用小时数低于 5000h 则可认为存在装机过剩。电力整体富余、煤电过剩将是"十三五"期间中国电力行业的主要矛盾之一。

政策要点：

"十三五"期间中国煤电过剩风险日益显现，各地违规建设煤电

项目情况仍然存在，为化解煤电潜在过剩风险，2016 年以来，国家发展改革委、国家能源局联合印发《关于建立煤电规划建设风险预警机制暨发布 2019 年煤电规划建设风险预警的通知》（国能电力〔2016〕42 号）、《关于进一步调控煤电规划建设的通知》（国能电力〔2016〕275 号）等文件，促进煤电有序发展。国家发展改革委、国家能源局等多部委联合印发《关于推进供给侧结构性改革　防范化解煤电产能过剩风险的意见》（发改能源〔2017〕1404 号）、《关于印发2017 年分省煤电停建和缓建项目名单的通知》（发改能源〔2017〕1727 号），有力有序有效推进防范化解煤电过产能风险。

（2）引导风电企业理性投资。

政策背景：

2016 年全国风电利用小时数下降，弃风电量 497 亿 kW·h，同比上涨了 46.6%。全国弃风率达到 17.1%，其中，甘肃弃风率 43%、新疆弃风率 38%、吉林弃风率 30%、内蒙古弃风率 21%，弃风问题尚未得到有效遏制。

政策要点：

为引导风电企业理性投资，促进风电产业持续健康发展，2016 年 7 月，国家能源局发布了《国家能源局关于建立监测预警机制促进风电产业持续健康发展的通知》（国能新能〔2016〕196 号），2017 年 2 月，国家能源局发布了《国家能源局关于发布 2017 年度风电投资监测预警结果的通知》（国能新能〔2017〕52 号）。

（二）电力市场化改革稳步推进

政策背景：

自 2015 年 3 月，中共中央、国务院印发**《关于进一步深化电力体制改革的若干意见》**，相关部门出台《关于推进输配电价改革的实施意见》《关于推进电力市场建设的实施意见》《关于电力交易机构组

建和规范运行的实施意见》《关于有序放开发用电计划的实施意见》
《关于推进售电侧改革的实施意见》《关于加强和规范燃煤自备电厂监
督管理的指导意见》等电力体制改革六大核心配套文件以来，电力体
制改革深入、有序推进。

政策要点：

2016 年，为贯彻落实**中共中央、国务院《关于进一步深化电力
体制改革的若干意见》**（中发〔2015〕9 号）和电力体制改革配套文
件精神，相继颁布《售电公司准入与退出管理办法》《有序放开配电
网业务管理办法》《关于全面推进输配电价改革试点有关事项的通知》
（发改价格〔2016〕2018 号）、《省级电网输配电价定价办法（试行）》
（发改价格〔2016〕2711 号）、《电力中长期交易基本规则（暂行）》
《关于有序放开发用电计划的通知》《关于开展跨区域省间可再生能源
增量现货交易试点工作的复函》等政策文件。

（三）电力规划引领行业健康发展

（1）强化电力规划管理。

政策背景：

长期以来，中国电力规划体系不够健全，"十二五"电力规划缺
失，电力工业发展缺乏科学有效引导，制约电力工业持续健康发展。
中共中央、国务院《关于进一步深化电力体制改革的若干意见》进一
步要求加强电力统筹规划和科学监管。

政策要点：

2016 年 6 月 6 日，国家能源局印发《电力规划管理办法》，涉及
九章 50 条内容。构建了电力规划工作的组织体系、要素体系、保障
体系，明确了电力规划工作的研究与准备、编制与衔接、审定与发
布、实施与调整、评估与监督等环节的制度安排。

(2) 制定电力发展"十三五"规划。

政策背景：

"十三五"时期是中国全面建成小康社会的决胜期、全面深化改革的攻坚期。电力是关系国计民生的基础产业，电力供应和安全事关国家安全战略，事关经济社会发展全局，面临重要的发展机遇和挑战。遵循《中华人民共和国国民经济和社会发展第十三个五年规划纲要》《能源发展"十三五"规划》要求，制定《电力发展"十三五"规划（2016－2020 年)》，促进电力工业持续健康发展。

政策要点：

2016 年 11 月 7 日，国家发展改革委、国家能源局正式发布**《电力发展"十三五"规划（2016－2020 年)》**，从"供应能力、电源结构、电网发展、综合调节能力、节能减排、民生用电保障"六个方面明确了"十三五"期间中国电力工业的发展目标。

(四) 推动可再生能源发展，鼓励可再生能源消费

政策背景：

当前，中国能源发展方式正在发生转变，总量扩张放缓，提质增效加速。中国能源消费将持续增长、绿色低碳成为能源发展方向。为了进一步缓解资源环境约束、治理大气和水污染、积极应对气候变化、实现长期可持续发展，要推动可再生能源发展，鼓励可再生能源消费。

政策要点：

2016 年 12 月，国家发展改革委、国家能源局联合印发《能源生产和消费革命战略（2016－2030)》，指出中国将大力发展可再生能源技术。2017 年 4 月，国家能源局发布《关于促进可再生能源供热的意见（征求意见稿)》，充分发挥可再生能源在取代分散燃烧煤供热方面的作用，推进北方地区清洁取暖。2017 年 7 月，国家发展改革委、

国家能源局印发《推进并网型微电网建设试行办法》，明确了微电网规划建设、并网管理、运行维护、市场交易、政策支持、监督管理六个方面的具体内容。

（五）全面实施电能替代，促进能源清洁发展

政策背景：

当前，中国大气污染形势严峻，大量散烧煤、燃油消费是造成严重雾霾的主要因素之一。电能具有清洁、安全、便捷等优势，实施电能替代对于推动能源消费革命、落实国家能源战略、促进能源清洁化发展意义重大。电能替代的电量主要来自可再生能源发电，以及部分超低排放煤电机组，无论是可再生能源对煤炭的替代，还是超低排放煤电机组集中燃煤对分散燃煤的替代，都将对提高清洁能源消费比重、减少大气污染物排放做出重要贡献。

政策要点：

2016 年 5 月 16 日，国家发展改革委、国家能源局会同八个部门联合印发了**《关于推进电能替代的指导意见》**，从推进电能替代的重要意义、总体要求、重点任务和保障措施四个方面提出了指导性意见，为全面推进电能替代提供了政策依据，指出"十三五"期间，中国将在北方居民采暖、生产制造、交通运输、电力供应与消费四个重点领域推进电能替代。

（六）加速促进电动汽车发展

（1）中国正式颁布新能源汽车"双积分"政策。

政策背景：

汽车目前仍以直接燃烧化石能源为主要动力来源，使得交通行业成为仅次于能源行业的第二大碳排放行业，为有效缓解能源和环境压力，需提升传统能源**汽车节能**水平，促进新能源汽车产业发展，建立节能与新能源汽车管理的长效机制。

政策要点：

2017 年 9 月 28 日，中国工信部正式发布《乘用车企业平均燃料消耗量与新能源汽车积分并行管理办法》（简称"双积分"政策）。从乘用车企业平均燃料消耗量核算、乘用车企业新能源汽车积分核算、报告递交及公示、燃料消耗量积分和新能源汽车积分管理、监督管理、法律责任等方面提出了管理办法。

（2）工信部启动研究停止销售传统能源汽车时间表。

政策背景：

全球汽车产业正加速向智能化、电动化的方向转变。2017 年，英国、法国、挪威相继宣布在未来禁止销售柴油和汽油汽车。英国、法国将于 2040 年起全面禁售汽油和柴油汽车，届时市场上只允许电动汽车等新能源汽车销售。挪威将在 2025 年前禁止销售化石燃料汽车。为抢占新一轮制高点，把握产业发展趋势和机遇，中国启动传统能源车停产停售时间表研究。

政策要点：

2017 年 9 月 9 日，在中国汽车产业发展国际论坛上，工信部副部长辛国斌透露，已经启动相关研究，制定停止生产和销售传统能源汽车的时间表。中国工业部门也曾于 2017 年 4 月表示，到 2025 年，中国的汽车总销量将达到 3500 万辆，并希望新能源汽车至少占总销量的 1/5。

2.1.3 电力供应和电力消费增长

（一）电力供应

全国新增装机规模下降，火电去产能效果显著，电源结构持续优化。截至 2016 年底，全国累计装机容量 16.5 亿 kW，同比增长 8.2%。2016 年底中国发电装机结构如图 2-6 所示。受煤电政策、环境约束、供应富余等因素影响，2016 年全国新增装机规模为 1.2 亿 kW，比上年少投产 1041 万 kW，同比下降 7.9%。新增装机仍以火电为主，2016 年火电新增 5048 万 kW，同比下降 24%。水电新增装机 1179 万 kW，同比下降 14.3%，其中抽水蓄能装机明显加快，新增 366 万 kW，同比增长近 300%；受政策影响，太阳能装机保持持续快速增长，新增 3171 万 kW，同比增长 130%，累计装机 7631 万 kW；风电和核电新增装机下降。

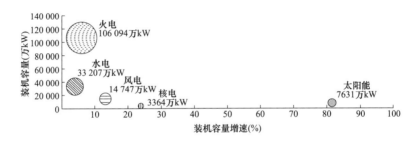

图 2-6　2016 年底中国发电装机结构

发电量维持较快增长，火电发电量恢复正增长，太阳能、风电、核电增速较快。 2016 年，全国全口径发电量 60 228 亿 kW·h，同比增长 4.9%。其中火电发电量新增 966 亿 kW·h，占全国发电量的 71.8%，比上年下降 1.7 个百分点；水电发电量同比增长 5.6%，占全国发电量的 19.5%，与上年持平；核电、并网风电和并网太阳能发电量同比分别增长 24.4%、29.8% 和 68.5%，比上年提高 0.5 个、0.5 个和下降 3.1 个百分点。2016 年中国发电量结构如图 2-7 所示。

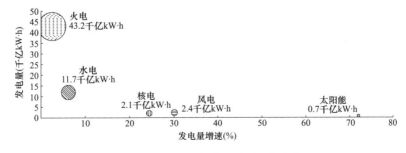

图 2-7　2016 年中国发电量结构

　　全国发电设备平均利用小时数持续下降，火电、核电利用小时数降低，水电利用小时数略有增长。2016 年全国发电设备利用小时数为 3797h，下降 191h，同比下降 4.7%。其中水电利用小时数为 3619h，比上一年提高了 29h；火电 4186h，同比下降 4.1%；核电 7060h，同比下降 4.6%；风电 1745h，同比增加 1.2%；光伏 1129h，同比下降 7.8%。2016 年中国发电设备利用小时数如图 2-8 所示。

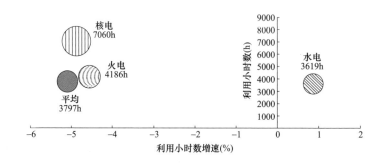

图 2-8　2016 年中国发电设备利用小时数

　　中国新能源持续快速发展，主要分布在东北、西北、华北（"三北"地区），弃风弃光问题严重。2016 年，新能源发电装机容量达到 22 378 万 kW，同比增长 29.4%，占电源总装机容量的 13.6%，以风电和光伏为主，甘肃、宁夏、新疆、青海、内蒙古、河北、黑龙江、吉林、辽宁等省份的新能源装机比重超过 15%，甘肃和宁夏高达 40% 左右。2016 年全国弃风电量达到 497 亿 kW，弃风率 17.1%，比上一年升高 2.1%。其中西北地区弃风比例最高，约占全国总弃风电量的 53%。2016 年中国弃光电量 70.42 亿 kW·h，弃光率 19.81%，比上一年下降 2.6%。弃光主要集中在甘肃和新疆，占全国弃光电量的 99%。

（二）电力消费

用电量增速大幅回升，用电结构不断调整，电力供需进一步宽松。随着经济发展稳中向好，新旧动能持续转化，2016 年，全国全社会用电量 59 747 亿 kW·h，同比增长 4.9%，增速较上年大幅回升 3.5 个百分点，但仍低于发电装机增速 3.3 个百分点。随着经济结构不断优化，用电结构随之调整，第三产业 7970 亿 kW·h，同比增长 11.2%，成为增长最快的产业。第三产业和城乡居民生活用电量占全社会用电量的比重达 26.8%，同比提高 1.2 个百分点。2010－2016 年中国全社会用电结构如图 2-9 所示。随着西藏 GDP 的快速增长，其用电量在 2016 年成为全国增长最快的地区，接近 20%，但其用电总量仍为全国最低。

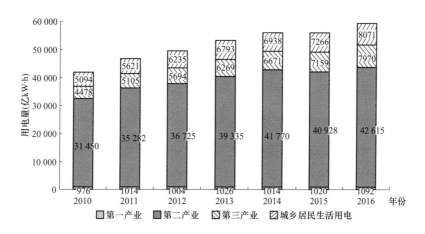

图 2-9　2010－2016 年中国全社会用电结构

2016 年，全国最大用电负荷（统调口径）为 8.59 亿 kW，同比增长 7.7%。2016 年，国家电网公司经营区域最大用电负荷增长显著，达 6.99 亿 kW，同比增长 7.7%；南方电网公司经营区域最大用电负荷为 1.47 亿 kW，同比增长 4.1%。2010－2016 年中国电网最大用电负荷如图 2-10 所示。

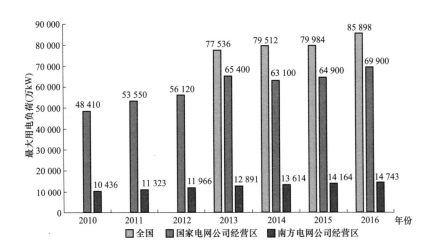

图 2 - 10　2010—2016 年中国电网最大用电负荷

2.2　中国电网发展现状

2.2.1　电网投资

（一）总体情况

电力投资增速保持平稳，电网投资持续增加，电源投资出现负增长。2016 年，中国电力投资 8855 亿元，同比增长 3.3％。2011—2016 年，电力投资年均增速为 3.8％。2011—2016 年中国电力投资规模如图 2-11 所示。

电源投资：在经济结构调整和电力行业去产能的双重作用下，2016 年，中国电源投资 3429 亿元，同比下降 12.9％。2011—2016 年，电源投资年均增速为-3.5％。

电网投资：电网投资占电力投资的比例稳步提升，2016 年电网投资 5426 亿元，同比增长 16.9％。2011—2016 年，电网投资年均增速为 10.2％。2016 年，电网投资占电力投资比重达 61.3％，比 2015 年上升 7.2 个百分点。

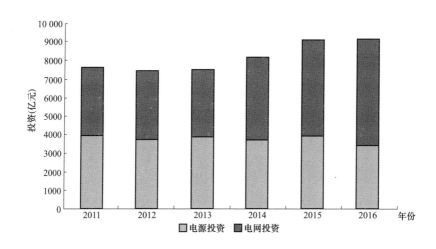

图 2-11　2011—2016 年中国电力投资规模

数据来源：中国电力企业联合会，全国电力工业统计快报。

（二）电网投资结构

配电网投资增速快于输电网，近六年配电网累计投资超过输电网。2016 年，输电网（220kV 及以上）投资 2306 亿元，同比增长5.5%，高于 2011—2016 年 3.3% 的平均增速；配电网（110kV 及以下）投资 3120 亿元，同比增长 27.1%，高于 2011—2016 年 12.6% 的年均增速。2013 年以来，电网投资逐渐向配电网倾斜，输电网占全网投资占比逐渐下降。2016 年，输电网、配电网投资结构为42.5∶57.5，二者比重差距同比拉大了 9.2 个百分点。2011—2016年中国不同电压等级投资结构及增速如图 2-12 所示。

（三）电网单位造价

电网造价水平主要受物价水平、技术进步、导线型号、单站容量、单变容量、出线数量、站址条件、设备价格、装置类型、征地拆迁等综合因素的影响。

（1）变电工程造价。

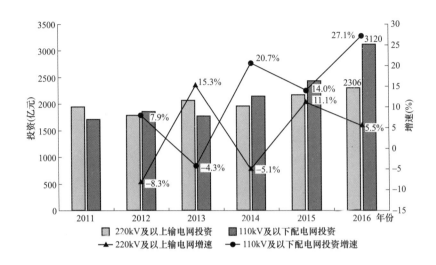

图 2-12 2011—2016 年中国不同电压等级投资结构及增速

数据来源：国家电网公司，电网投入产出分析报告，南方电网公司社会责任报告。

2011—2016 年，新建变电工程单位容量造价方面，1000、500、220kV 较为平稳；±800kV 呈现下降趋势；750、330kV 在一定范围内波动；110kV 小幅上升。其中 2016 年，1000、±800、750、500、330、220、110kV 变电工程造价水平分别为 387、634、256、135、230、229 元/（kV·A）和 309 元/（kV·A）。2011—2016 年中国新建变电工程单位容量造价变化趋势如图 2-13 所示。

（2）架空线路工程造价。

2011—2016 年，新建架空线路单位长度造价方面，1000、750、500kV 略微上升；±800kV 大幅下降后略微上升；330、220、110kV 保持平稳。其中 2016 年，1000、±800、750、500、330、220、110kV 架空线路造价水平分别为 896 万、478 万、284 万、332 万、106 万、119 万元/km 和 65 万元/km。2011—2016 年中国新建架空线路工程单位容量造价变化趋势如图 2-14 所示。

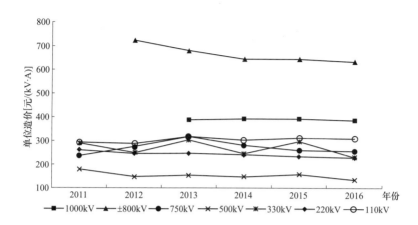

图 2-13 2011—2016 年中国新建变电工程单位容量造价变化趋势
数据来源:《国家电网公司输变电工程造价分析(2016 年版)》、《中国电力发展
　　　报告 2016》(电力规划设计总院)、《中国电力行业年度发展报告
　　　2017》(中国电力企业联合会)。

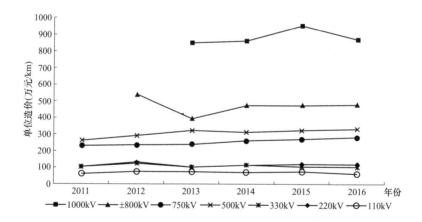

图 2-14 2011—2016 年中国新建架空线路工程单位长度造价变化趋势
数据来源:《国家电网公司输变电工程造价分析(2016 年版)》、《中国电力发展
　　　报告 2016》(电力规划设计总院)、《中国电力行业年度发展报告
　　　2017》(中国电力企业联合会)。

2.2.2　电网规模

(一)总体情况

中国输电线路长度保持平稳增长,其中特高压交直流增速较快。

截至 2016 年底，中国 220kV 及以上输电线路回路长度达 64.2 万 km，同比增长 5.7%，低于"十二五"期间平均增速 0.7 个百分点。2016 年，特高压交直流输电线路建成投运规模较多，增速明显加快，其中特高压交流输线路长度增速高达 136.5%，特高压直流输电线路长度增速也达到 16.3%。中国 220kV 及以上输电线路回路长度见表 2-1。

表 2-1　　　　中国 220kV 及以上输电线路回路长度

名称	2015 年（km）	2016 年（km）	2016 年增速（%）
其中：直流部分	**25 429**	**28 808**	**13.3**
±800kV	10 580	12 295	16.2
±660kV	1336	1334	0
±500kV	11 872	13 539	14
±400kV	1640	1640	0
其中：交流部分	**583 685**	**616 504**	**5.6**
1000kV	3114	7245	132.7
750kV	15 665	17 968	14.7
500kV	157 974	165 875	5
330kV	26 811	28 366	5.8
220kV	380 121	397 050	4.6
合计	**609 114**	**645 312**	**5.9**

数据来源：《中国电力行业年度发展报告 2017》。

中国变电设备容量保持平稳增长，其中特高压交直流增速较快。 截至 2016 年底，中国 220kV 及以上变电设备容量达 34.2 亿 kV·A，同比增长 8.3%，与"十二五"期间平均增速基本持平。特高压交流变电容量和特高压直流换流容量增速明显加快，分别高达 89.5% 和

54.2%，其他电压等级电网变电容量增速相对平稳。中国 220kV 及以上电网变电容量见表 2-2。

表 2-2　　　　　　中国 220kV 及以上电网变电容量

名称	2015 年 （万 kV·A）	2016 年 （万 kV·A）	2016 年增速 （%）
合计	**336 587**	**369 194**	**9.7**
其中：直流部分	**18 383**	**22 449**	**22.1**
±800kV	3180	4882	53.5
±500kV	15 203	17 567	15.5
其中：交流部分	**318 204**	**346 745**	**9**
1000kV	5700	9900	73.7
750kV	10 850	13 570	25.1
500kV	107 082	117 128	9.4
330kV	11 679	12 219	4.6
220kV	182 893	93 928	6

（二）网荷协调性

电网发展与用电负荷发展总体协调。 2016 年，国家电网公司 10kV 及以上线路长度、变电容量分别同比增长 5.4% 和 9.3%；接入电源装机、售电量、负荷分别增长 9.5%、4.5% 和 8.9%。总体而言，电网规模增速与电源和负荷增速基本匹配，线路长度和变电容量分别超前于电量增速 0.9 和 4.8 个百分点。国家电网公司的网荷协调性如图 2-15 所示。

分省看，电网规模增长与用电负荷增长存在差异。 2010—2016 年，各省级电网变电容量增速与用电负荷增速之差可以分为

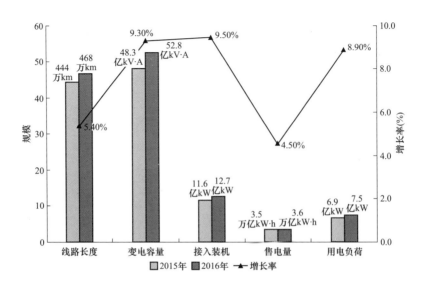

图 2-15 国家电网的网荷协调性

三个梯次（小于 0，大于 0 且小于 5％，大于 5％）❶。**第一梯次：**
冀北、湖北、四川、甘肃 4 个省级电网 110～750kV 变电容量增速较
负荷增速超出 5 个百分点以上。**第二梯次：**北京、山西、山东、江
西、重庆、辽宁、吉林、青海、宁夏、新疆等 19 个省（市）级电网
110～750kV 变电容量增速略微超过负荷增速。**第三梯次：**天津、蒙
东、陕西、西藏 4 个省（市）级电网变电容量增速略低于负荷增速。

（三）网源协调性

2010～2016 年，国家电网公司经营区域内 110～500kV 电网新增
装机占总装机容量比约 89％，新增规模对应的变电容量与装机容量比
为 1.26～2，电网与电源发展基本协调。750kV 电网新增变电容量 8210
万 kV·A，新增电源装机仅 730 万 kW，新增规模对应的变电容量与装
机容量比达到 11.25，电源增长滞后，主要原因是电源基地配套电源建
设推迟。"十二五"期间 110～750kV 变电年均增速对比见表 2-3。

---

❶ 受限于数据来源，广东、广西、贵州、云南、海南、蒙西等省级电网没有分析。

表 2-3 "十二五"期间 110～750kV 变电年均增速对比

电压等级	新增变电容量 （万 kV·A）	新增线路长度 （km）	新增接入电源 （万 kW）	变机比 （新增规模对比）
特高压交流	5100	2461	—	—
750kV	8210	8834	730	11.25
500kV	25 552	21 531	12 807	2.00
330kV	3226	6609	2032	1.26
220kV	45 282	81 855	16 017	1.69
110kV	49 515	150 753	5939	1.69
合计	136 885	272 043	37 525	—

（四）电网智能化

2016 年，国家电网公司经营区配电自动化覆盖率达到 33.6%，较 2015 年增长 10.9 个百分点。其中，城网覆盖率达到 46.6%，农网覆盖率达到 25.5%，与 2015 年相比均有不同幅度提升。

从供电区域类型来看，A＋类区域覆盖率最高，E 类区域覆盖率最低，A＋～E 类供电区域覆盖率分别为 84.2%、72.4%、42.3%、24.1%、8.0%、4.8%。2016 年国家电网公司经营区供电分区配电自动化覆盖率如图 2-16 所示。

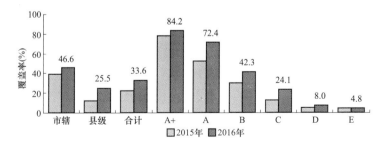

图 2-16 2016 年国家电网公司经营区供电分区配电自动化覆盖率

国家电网公司、南方电网公司经营区计量自动化终端均实现100%全覆盖。2016 年，国家电网公司累计建设和改造智能变电站

2554 座, 累计建成投运智能电网试点项目 342 项; 新装智能电能表 7476 万只, 累计实现用户采集 4.1 亿户, 采集覆盖率达到 95%, 电水气热 "多表合一" 信息采集累计接入 163 万户。2016 年, 南方电网公司智能电表覆盖率 80.6%, 全年完成新建低压集抄 1410 万户, 覆盖率达 39%。

2.2.3 网架结构

(一) 互联电网网架结构

(1) 国内互联电网形态。

目前, 中国电网基本实现了全国电网互联, 各省级电网通过交直流联网, 形成华北—华中, 华东、东北、西北、南方 5 个区域同步电网。中国电网跨区互联形态示意 (2017 年 11 月) 如图 2-17 所示。

华北—华中通过晋东南—南阳—荆门特高压交流工程形成同步电网。

东北电网与华北—华中电网通过高岭背靠背工程实现异步互联。

华北—华中电网与华东电网通过向上 (向家坝—上海)、锦苏 (锦屏—苏南)、溪浙 (溪洛渡—浙西) 3 条 ±800kV 直流及葛沪 (葛洲坝—南桥)、龙政 (龙泉—政平)、宜华 (宜都—华新)、林枫 (三峡—上海) 等 4 条 ±500kV 直流实现异步联网。

西北电网与华北—华中电网通过灵宝背靠背工程、德宝 (德阳—宝鸡) ±500kV 直流、宁东 (宁东—山东) ±660kV 直流、哈郑 (哈密—郑州) ±800kV 直流等 4 条直流线路实现异步联网。

西北电网与华东电网通过宁东—浙江直流实现异步联网。

华北—华中电网与南方电网通过江城 (三峡—广东) ±500kV 直流实现异步联网。

西藏电网通过 ±400kV 直流青藏联网工程与西北电网异步互联。

此外, 西藏自治区内部形成 "一大两小" 电网格局, "一大" 是

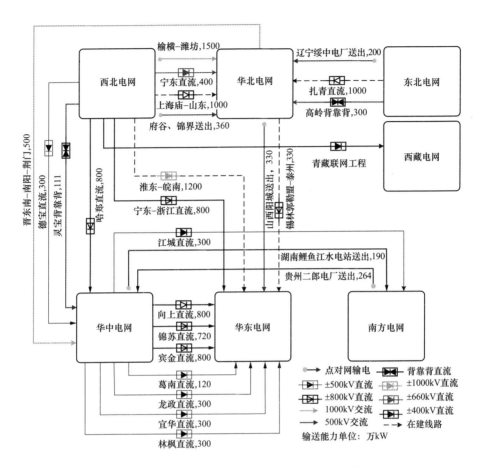

图 2-17 中国电网跨区互联形态示意（2017 年 11 月）

指藏中电网，"两小"是指昌都电网、阿里电网。藏中电网内部形成以拉萨为中心的 220kV 主网架，向外通过西藏拉萨－青海柴达木±400kV 直流青藏联网工程与西北电网异步互联；昌都电网内部最高电压等级 500kV，以 220kV 为主网架，向外通过四川巴塘－西藏昌都 500kV 川藏联网工程与四川电网互联；阿里电网以 110kV 电网为主网架孤网运行。

受自然条件、历史发展、机制政策等多种因素共同影响，各区域电网电源建设和电网结构程序按多样性局面，安全风险各不相同。

东北电网形成了 500kV 线路骨干输电网架及 220kV 线路的供电主体，直流输电线路 3 条（含背靠背），输送容量 675 万 kW。省间断面输电能力不足，蒙东地区网架结构薄弱，抵御电网严重故障能力较低。除形成 500kV 交流主网架外，内部有伊穆直流，为典型的交直流混联电网，严重故障下可能损失送端电源，低频减载风险大。

华北电网 500kV 电网形成"七横三纵"的主网架结构，以京津冀区域为受端负荷中心，以内蒙古西部电网、山西电网为送端，区内西电东送的格局，直流输电线路两条（含背靠背），输送容量 700 万 kW；华北电网整体呈现西电东送、北电南供格局，山西、蒙西 500kV 外送通道能力不足，常年压极限运行。随着河北南网、山东电网负荷增长，华北电网北电南送潮流快速增长，京津唐电网承担了较重的电力传送任务。

华东电网形成以长三角都市为中心的网格状受端电网格局。直流输电线路 8 条，输送容量达到 3980 万 kW；华东电网馈入 4 条特高压直流、4 条常规直流，多直流集中馈入长三角地区，丰水期 8 回直流长期同时大功率运行，合计输送电力超过 3500 万 kW，低谷时段受电比例达 30%，大受端电网特性明显。在负荷低谷时段，由于多馈入直流容量占比较大，电网同步转动惯量相对较小，单回直流闭锁就可能触发低频减载动作，多馈入直流问题最为突出。

华中电网形成以三峡外送通道为中心，覆盖五省一市的 500kV 主干网架，直流输电线路 10 条，输送容量达到 4580 万 kW；华中电网呈现特高压"四直一交"、大水电、大火电、大容量特高压直流送、受并重的特点，是典型的"强直弱交"电网。

西北电网形成以甘肃为中心的 750kV 主网架，直流输电线路 5 条（含背靠背），输送容量达到 2360 万 kW；西北地域辽阔，电网结构呈现"长链式""哑铃型"特点，特别是西北主网－新疆联网通道电气联系相对薄弱，电网稳定水平较低。

南方电网形成了"八条交流、九条直流"西电东送主干网架，输送容量超过 3950 万 kW，全年完成西电东送电量 1953 亿 kW·h，连续 5 年创历史新高。南方电网是典型的交直流混联电网，广东多馈入直流特征明显，500kV 电网较为密集。南方电网多馈入直流稳定问题、广东短路电流控制问题、云南频率稳定问题，海南"大机小网"是其主要矛盾。

(2) 跨境互联电网形态。

中国已与俄罗斯、蒙古、吉尔吉斯斯坦、朝鲜、缅甸、越南、老挝等七个国家实现了电力互联，主要为周边国家的边境设施及偏远地区供电。2016 年，中国与周边国家电网互联规模已经达 260 万 kW。

目前，**中俄跨境线路**包含 1 回 500kV 线路及 1 回背靠背，2 回 220kV 线路，2 回 110kV 线路；**中蒙跨境线路**包含 2 回 220kV 线路，3 回 35kV 线路，7 回 10kV 线路；**中朝跨境线路**包含 2 回 66kV 线路；**中缅跨境线路**包含 1 回 500kV 线路，2 回 220kV 线路，1 回 110kV 线路，7 回 35kV 线路，61 回 10kV 线路；**中越跨境线路**包含 3 回 220kV 线路，4 回 110kV 线路；**中老跨境线路**共计 10 条，包含 1 回 115kV 线路，3 回 35kV 线路，6 回 10kV 线路。

(二) 特高压电网网架结构

截至 2017 年 10 月，中国在运特高压线路达到"八交十直"。其中，国家电网公司"八交八直"，南方电网公司"两直"。预计 2017 年底，国家电网公司上海庙－山东、扎鲁特－青州两项特高压直流输电线路将投入运行，南方电网公司滇西北－广东特高压直流将投入运行，届时将形成"八交十三直"的特高压电网格局。

（三）网架结构年度变化

（1）西南电网：川渝第三通道投运。

2017 年 6 月 26 日，川渝第三通道 500kV 输变电工程投入试运行，总输电能力从 400 万 kW 提升至 600 万 kW，新增四川水电外送能力 200 万 kW，预计每年为重庆输入 70 亿 kW·h 清洁电能，对于促进四川水电消纳、满足重庆用电需求、提高川渝断面输电能力具有重要意义。

截至 2017 年 8 月 2 日，川渝电网第三通道已累计向重庆输送电能 14.1 亿 kW·h，日均送电量约 4000 万 kW·h，一、二、三通道外送电量共计 38.23 亿 kW·h，输送电能比去年同期增加 13.36 亿 kW·h，增长 53.72%，有效缓解重庆电网供电压力，消除了川渝电网电力交换"卡脖子"状况，在提高川渝断面输电能力、促进西南地区清洁能源在全国范围优化配置方面发挥了重要作用。

（2）西北电网：省间 750/330kV 电磁环网实现解环运行。

2017 年 5 月，陕西电网与西北主网间 3 回 330kV 联络线全部退出运行，陕甘断面 750/330kV 电磁环网实现解环运行，西北电网省间通过 18 回 750kV 输电通道联络，甘青、甘宁、陕甘省间断面解环，输送能力累计提升约 860 万 kW。

截至 2017 年 5 月底，西北电网 750kV 变电站 48 座，750kV 降压变电站 83 台，750kV 线路 121 条，750kV 主网架基本形成，电网资源配置能力显著提升，成为世界上覆盖范围最广、规模最大的 750kV 同步电网，实现了主网架 330kV 向 750kV 的升级，为德宝直流、灵宝直流外送，陕西、甘肃新能源消纳提供了重要支撑。

（3）南方电网：云南电网与南网主网实现异步互联。

随着云南水电的大量开发，西电东送距离的增大，发生多回直流同时闭锁或相继闭锁故障的风险加大。为有效化解交直流功率转移引起的电网安全稳定问题、简化复杂故障下电网安全稳定控制策略、避免大面积停电风险，须大幅度提高南方电网主网架的安全供电可靠性。2016 年 6 月，云南电网与南网主网异步联网北通道鲁西背靠背直流异步联网工程常规直流单元建成投运，在全国范围内首次实现省级电网与大区域电网异步联网运行。

(4) 西藏电网：藏中联网工程开工建设，藏中电网将与昌都电网实现同步互联。

2017 年 4 月 6 日，世界海拔最高、海拔跨度最大、自然条件最复杂的输变电工程——藏中联网工程正式开工建设。藏中联网工程由西藏藏中和昌都电网联网工程、川藏铁路拉萨至林芝段供电工程组成，起于西藏昌都市芒康县，止于山南市桑日县，跨越西藏三地市十区县。工程总投资约 162 亿元，新建、扩建 110kV 及以上变电站 16 座，新建 110kV 及以上线路 2738km，计划于 2018 年建成投运。

工程建成后，藏中电网电压等级将升至 500kV，藏中电网与昌都电网实现同步互联，进而与四川电网同步互联，显著增强西藏中东部地区电网结构，化解冬季枯水期供电紧张矛盾，提升电网安全可靠供电能力，为后续藏电外送打下坚实基础，有效保障川藏铁路大动脉畅通。西藏电网联网工程及规划见表 2 - 4。预计"十三五"末，还将建成阿里联网工程，实现阿里电网与藏中电网同步互联，进而实现西藏电网统一互联。西藏电网网架结构变化情况如图 2 - 18 所示。

表 2 - 4　　　　　　　西藏电网联网工程及规划

序号	名称	起点落点	电网等级（kV）	年份
1	青藏联网工程	青海柴达木—西藏拉萨	±400	2011
2	川藏联网工程	四川巴塘—西藏昌都	500	2014
3	藏中联网工程	西藏昌都—西藏藏中	500	2018
4	阿里联网工程	西藏阿里—西藏藏中	500	预计 2020

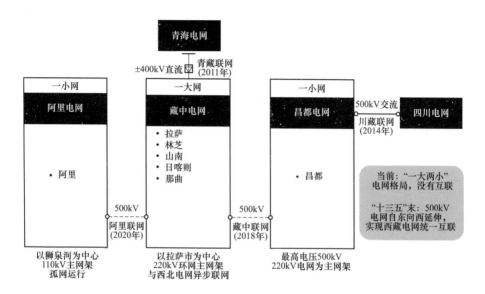

图 2-18　西藏电网网架结构变化情况

2.2.4　运行交易

（一）电网运行

（1）清洁能源消纳水平提升。

截至 2016 年底，国家电网公司调度范围内水电、风电、光伏装机分别达到 2.16 亿、1.32 亿 kW 和 0.72 亿 kW，同比增长 3.9%、13.1% 和 81.3%。全年累计消纳清洁能源 1.19 万亿 kW·h。

截至 2016 年底，南方电网公司调度范围内水电、风电、光伏装机分别达到 11 343 万、1468 万 kW 和 416 万 kW，同比增长 3.8%、46.4% 和 87.4%。非化石能源发电量占比首次过半，达到 50.7%，高于全国平均水平 22.3 个百分点。

（2）远距离电力输送持续增长。

2016 年，11 条特高压线路输送电量 2334 亿 kW·h，其中输送可再生能源电量 1725 亿 kW·h，占全部输送电量的 74%。国家电网公司经营区的 9 条特高压线路输送电量 1808 亿 kW·h，其中可再生能源电量 1198 亿 kW•h，占全部输送电量的 66%；南方电网公司经营区的 2 条特高压线路输送电量 526 亿 kW•h，全部为可再生能源电量。

2011—2016 年国家电网公司经营区特高压累计送电量超过 6150 亿 kW•h，特高压建成以来累计输送电量 6680 亿 kW•h。国家电网公司特高压跨区跨省输送电量如图 2-19 所示。2016 年，复奉等五条特高压直流输电线路累计输送电量 1 472.3 亿 kW•h，促进了四川清洁水电和西部地区清洁能源资源大规模集约开发和安全高效外送。

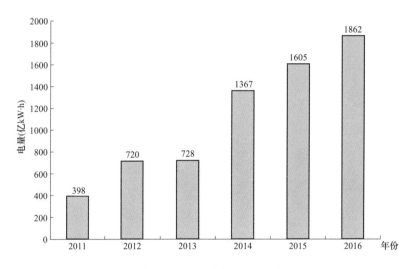

图 2-19 国家电网公司特高压跨区跨省输送电量

南方电网公司大力落实西电东送战略，加快输电通道建设，持续提升云南水电外送能力，建成“八条交流、九条直流”共 17 条西电东送大通道，最大输电能力超过 3950 万 kW。通过推动送、受端政府签订“十三五”西电东送框架协议，构建“计划＋市场”的交易机制，大力促进富余水电消纳。2016 年，西电东送电量 1953 亿 kW•h，同比增长 3.3%。南方电网公司西电东送电量如图 2-20 所示，其中清洁能源电量占比 81.7%，最大送电电力达 2466 万 kW。2016 年，云南外送电量 1100 亿 kW•h，同比增长 16%，全年多消纳云南富余水电 165 亿 kW·h。

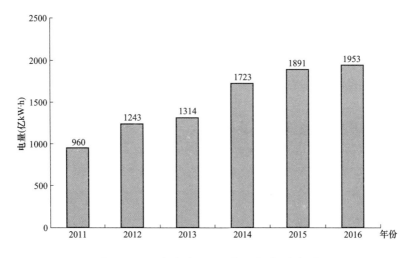

图 2-20   南方电网公司西电东送电量

（二）市场交易

2016 年，全国电力市场交易电量为 1 万亿 kW·h，同比增长 7%，占全社会电量的 19%，其中省内市场交易电量 0.8 万亿 kW·h。随着新电改试点范围覆盖全国，发用电计划将进一步缩小，预计 2017 年，市场化电量有望提高至全社会用电量的 30%～50%。电力市场交易电量每度电的价格平均降低约 7.23 分，为用户节约电费超过 573 亿元。

电力市场化交易电量前三位地区为蒙西、江苏、云南，分别达到 786 亿、594 亿、590 亿 kW·h；电力市场化交易电量占全地区社会用电量比例前三位地区为蒙西、云南、贵州，分别达到 53%、42%、28%。2016 年中国省内市场化交易电量如图 2-21 所示。

2016 年，国家电网公司经营区市场交易电量 7907 亿 kW·h，同比增加 58.8%，市场交易电量占售电量比例达到 22%。其中，省间市场交易电量 1918 亿 kW·h，省内市场交易电量 5989 亿 kW·h。预计 2017 年市场化交易电量将突破 1 万亿 kW·h。

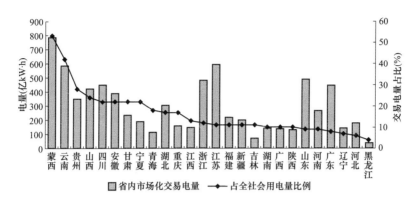

图 2-21 2016 年中国省内市场化交易电量

2016 年，南方电网公司经营区完成市场交易电量 1651 亿 kW•h，其中，省间市场交易电量 135 亿 kW•h，省内市场交易电量 1516 亿 kW•h。预计 2017 年省内市场交易电量 2280 亿 kW•h。

（三）电量交换

(1) 跨区域电量交换。

2016 年，全国跨区域电量交换（送出电量）规模达 3 776.7 亿 kW•h，同比增长 6.99%。全国跨区域电量交换情况见表 2-5。

表 2-5　　　　全国跨区域电量交换情况

区域	送出电量（亿 kW•h）	同比增速（%）
全国	3777	6.99
华北	2467	−3.40
东北	207	19.45
华东	0.26	−98.33
华中	653	11.59
西北	1014	12.6
西南	1158	2.03
南方	498	7.03

（2）跨省电量交换。

2016 年，全国跨省电量交换（送出电量）规模达 10 030.6 亿 kW•h，同比增长 5.06%。全国跨省电量交换情况见表 2-6。

表 2-6　　　　　全国跨省电量交换情况

区域	送出电量（亿 kW•h）	同比增速（%）
全国	10 030.6	5.06
北京	10.3	94.96
天津	48.2	−5.63
河北	405.4	20.55
山西	802.1	−0.75
内蒙古	1 357.3	−2.78
辽宁	287.7	36.58
吉林	204.5	2.13
黑龙江	125.3	−13.07
上海	59.7	−5.12
江苏	127.8	9.17
浙江	108.7	23.41
安徽	467.3	9.55
福建	42.4	28.86
江西	1.8	639.67
河南	42.3	0.52
湖北	815.4	5.21
湖南	92.5	6.21
广东	163.7	−5.26
广西	90.1	−25.39
海南	0.9	121.77
重庆	43.5	6.70
四川	1 316.3	3.92
贵州	713.3	−5.70
云南	1 296.3	14.80

续表

区域	送出电量（亿 kW·h）	同比增速（%）
西藏	9.1	154.83
陕西	357.6	− 5.33
甘肃	262.5	7.54
青海	33.3	15.87
宁夏	384.6	15.02
新疆	360.7	25.28

（3）全国进出口电量。

2016 年，全国进出口电量（含香港、澳门）规模达 251.8 亿 kW·h，同比下降 0.56%。其中，进口电量 58.9 亿 kW·h，出口电量 192.9 亿 kW·h。

2016 年，南方电网公司对香港最大输电能力已达 160 万 kW，南方电网公司向香港、澳门地区送电合计 163 亿 kW·h，其中向香港送电 120 亿 kW·h，向澳门送电 43 亿 kW·h，分别占香港、澳门地区用电量的 27%、83%。2016 年，广东从香港购电 12.1 亿 kW·h。截至 2016 年底，南方电网公司累计向香港送电 2336 亿 kW·h，累计向澳门送电 364 亿 kW·h。

中国与俄罗斯、蒙古、吉尔吉斯斯坦、朝鲜、缅甸、越南、老挝等 7 个国家实现了电力互联和贸易，互联线路电压等级较低，输电能力水平低，输电规模小，主要为周边国家的偏远地区供电。2016 年，中国与周边国家互联电网输送能力达 260 万 kW，进口电量约 46.9 亿 kW·h，出口电量 30 亿 kW·h[1]。2016 年，中国从俄罗斯进口电量 32.9 亿 kW·h；向蒙古出口电量 11.1 亿 kW·h；向朝鲜出口电量 195 万 kW·h；从缅甸进口电量 13.9 亿 kW·h，并同时出口电量 2.7 亿

---

[1] 数据来源：《中国电力发展报告 2016》。

kW•h；向越南出口电量 14.9 亿 kW•h；向老挝进口电量 851 万 kW•h，并同时出口电量1.2 亿 kW•h。

2.2.5 电网经营

（一）投资效益

单位电网投资增售电量、增供负荷是衡量电网投资效益的两个直观指标。一般情况下，单位电网投资增售电量采用第二年较第一年增加的售电量与第一年投资之比，单位电网投资增供负荷采用第二年较第一年增加的供电负荷与第一年投资之比。

全国单位电网投资增售电量有所回升。2016 年，全国单位电网投资增售电量为 0.4kW•h/元，由于 2016 年中国用电需求增速回升，单位电网投资增售电量提升明显，显著高于 2014、2015 年水平，但仍低于 2010—2013 年的平均水平。2010—2016 年全国单位电网投资增售电量如图 2-22 所示。

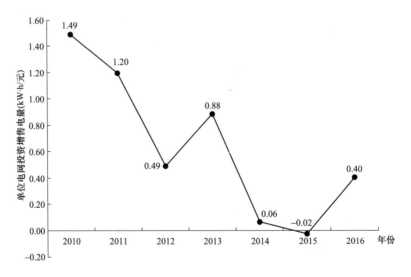

图 2-22　2010—2016 年全国单位电网投资增售电量

全国单位电网投资增供负荷有所回升。2016 年，全国单位电网投资增供负荷为 1.04kW/万元，明显高于 2014、2015 年的水平。由于 2016 年中国用电负荷增速回升，单位电网投资增供负荷提升明显。
2014－2016 年全国单位电网投资增供负荷如图 2 - 23 所示。

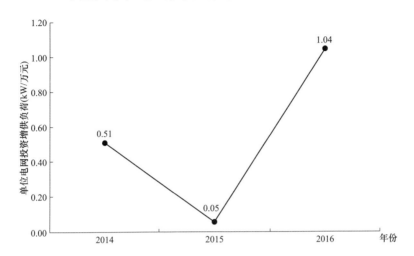

图 2 - 23 2014－2016 年全国单位电网投资增供负荷

（二）宏观利用率

某个电压等级的线路、变压器的宏观利用率，一般可以用该电压
等级的售电量与该电压等级的线路长度、变压器的变电容量之比来
反映。

（1）220kV 电网。

2010－2016 年，单位 220kV 线路长度的售电量保持在 0. 12 亿～
0. 14 亿 kW•h/km，单位 220kV 主变压器容量的售电量保持在 0. 27
万～0. 31 万 kW•h/（kV•A），总体呈小幅下降态势，主要原因是电
网建设除满足增加的供电量之外，还发挥提高供电安全可靠性的作
用。2010－2016 年 220kV 电网利用效率如图 2 - 24 所示。

（2）500kV 电网。

2010－2016 年，单位 500kV 线路长度的售电量保持在 0. 27 亿～
0. 29 亿 kW•h/km，波动较小；单位 500kV 主变压器容量的售电量处
于 0. 36 万～0. 53 万 kW•h/（kV•A），作为很多地区的主干网，

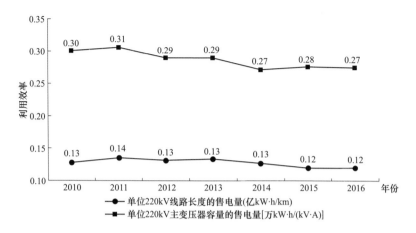

图 2-24　2010—2016 年 220kV 电网利用效率

500kV 电网担负安全输电的任务更重，总体呈下降态势，近几年的降幅较小。2010—2016 年 500kV 电网利用效率如图 2-25 所示。

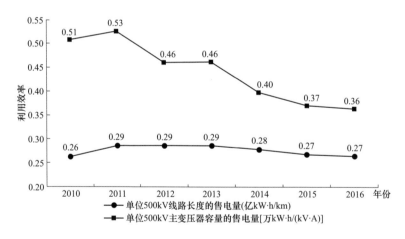

图 2-25　2010—2016 年 500kV 电网利用效率

2.3　中国电网存在的问题与发展重点

2.3.1　电网的发展成效

（一）特高压电网工程建设成效

截至 2017 年 10 月底，中国已投运特高压工程达"八交十直"。

其中，2016 年以来，新投运特高压工程为"五交四直"。已投运特高压工程（截至 2017 年 10 月底）见表 2 - 7。

表 2 - 7 已投运特高压工程（截至 **2017** 年 **10** 月底）

序号	电压等级及性质	工程起落点	开工日期	投运日期	类别
1	1000kV 特高压交流	晋东南—南阳—荆门	2006 年 8 月	2009 年 1 月	八交
2	1000kV 特高压交流	淮南—浙北—上海	2011 年 10 月	2013 年 9 月	
3	1000kV 特高压交流	浙北—福州	2013 年 4 月	2014 年 12 月	
4	1000kV 特高压交流	锡林郭勒盟—山东	2014 年 11 月	2016 年 7 月	
5	1000kV 特高压交流	淮南—南京—上海	2014 年 11 月	2016 年 11 月	
6	1000kV 特高压交流	蒙西—天津南	2015 年 3 月	2016 年 11 月	
7	1000kV 特高压交流	锡林郭勒盟—胜利	2016 年 4 月	2017 年 7 月	
8	1000kV 特高压交流	榆横—潍坊	2015 年 5 月	2017 年 8 月	
9	±800kV 特高压直流	云南—广州	2006 年 12 月	2010 年 6 月	十直
10	±800kV 特高压直流	向家坝—上海	2008 年 12 月	2010 年 7 月	
11	±800kV 特高压直流	锦屏—苏南	2009 年 12 月	2012 年 12 月	
12	±800kV 特高压直流	云南普洱—广东江门	2011 年 12 月	2013 年 9 月	
13	±800kV 特高压直流	哈密南—郑州	2012 年 5 月	2014 年 1 月	
14	±800kV 特高压直流	溪洛渡—浙西	2012 年 7 月	2014 年 7 月	
15	±800kV 特高压直流	宁东—浙江	2014 年 11 月	2016 年 8 月	
16	±800kV 特高压直流	酒泉—湖南	2015 年 6 月	2017 年 6 月	
17	±800kV 特高压直流	山西晋北—江苏南京	2015 年 6 月	2017 年 6 月	
18	±800kV 特高压直流	锡林郭勒盟—泰州	2015 年 12 月	2017 年 9 月	

延伸阅读——部分投运重点工程概况

（1）锡林郭勒盟－山东（1000kV 特高压交流）。

2016 年 7 月 31 日，锡林郭勒盟－山东 1000kV 特高压交流输变电工程正式投入运行。工程新建锡林郭勒盟、北京东、济南 3 座变电站和承德串补站，新增变电容量 1500 万 kV·A，新建输电线路 2×730km。工程途经内蒙古、河北、天津和山东四省（区、市）。**工程是纳入国家大气污染防治行动计划"四交四直"特高压工程中首个全线投运的工程，也是中国华北地区首个特高压交流输变电项目。**

该工程投运后，由北京东变电站向济南变电站送电，有效解决了迎峰度夏期间山东电网的电力缺口。工程还将为推动锡林郭勒盟能源基地集约化开发，加快内蒙古资源优势向经济优势转化，满足京津冀鲁地区用电负荷增长需求，改善生态环境质量奠定可靠的能源通道保障。

（2）淮南－南京－上海（1000kV 特高压交流）。

2016 年 11 月，随着苏州变电站 500kV 配套工程投入运行，淮南－南京－上海 1000kV 特高压交流工程所有变电站和架空线路已全部建成投运，并发挥送电效益。工程是国务院大气污染防治行动计划中十二条重点输电通道之一，**是华东特高压主网架的重要组成部分，与已经投运的淮南－浙北－上海 1000kV 特高压交流工程一起，形成贯穿皖、苏、浙、沪的华东特高压交流环网。**工程起于安徽淮南变电站，经江苏南京、泰州、苏州变电站，止于上海沪西变电站，新增变电容量 1200 万 kV·A，线路全长 2×738km。

该工程与皖电东送特高压工程一起形成长三角特高压受端环网，有利于提高华东负荷中心接纳区外电力能力及内部电力交换能力，提高电网的安全稳定水平和"皖电东送"送电可靠性，对缓解江苏、上海地区用电紧张局面，增强长三角电网抵御重大故障的能力，具有重要意义。

(3) 蒙西—天津南（1000kV 特高压交流）。

2016 年 11 月 24 日，蒙西—天津南 1000kV 特高压交流输变电工程正式投入运行。蒙西—天津南工程是继淮南—南京—上海、锡林郭勒盟—山东工程之后，**建成投运的第三个大气污染防治行动计划的特高压交流工程，与锡林郭勒盟—山东工程相连接，共同构成华北特高压交流网架的重要组成部分。**该工程新建蒙西、晋北、北京西、天津南 4 座变电站，新增变电容量 2400 万 kV·A，新建输电线路 2×616km，途经内蒙古、山西、河北和天津四省（市、区）。

该工程投运后，进一步推动内蒙古、山西能源基地集约化开发，加快资源优势向经济优势转化，为满足京津冀鲁地区用电负荷增长需求、改善生态环境质量，提供了可靠的能源通道保障。

(4) 榆横—潍坊（1000kV 特高压交流）。

2017 年 8 月 14 日，榆横—潍坊 1000kV 特高压交流输变电工程正式投入运行，**标志着列入国家大气污染防治行动计划重点输电通道的"四交"特高压工程建设任务全部圆满完成。**自西向东横穿陕西、山西、河北和山东四省，两次跨越黄河，**是迄今为止建设规模最大、输电距离最长的特高压交流工程。**新建晋中、石家庄、昌乐变电站和榆横开关站，扩建泉城变电站，新增变电容量 1500 万 kV·A；线路全长 2×1050km，两次跨越黄河。

该工程充分发挥特高压输电大容量、远距离、多落点及网络功能优势，对提高陕西和山西电力外送能力、满足河北和山东电网的负荷增长需求、加强对特高压直流工程的电网支撑作用、改善华北地区生态环境质量具有重要意义。

(5) 锡林郭勒盟—胜利（1000kV 特高压交流）。

2017 年 7 月 2 日凌晨 4 时，1000kV 胜锡Ⅰ线在胜利 1000kV

变电站合环运行，标志着锡林郭勒盟—胜利 1000kV 交流输变电工程正式投入运行。新建胜利 1000kV 变电站、扩建锡林郭勒盟 1000kV 变电站，新增变电容量 600 万 kV·A，输电线路全长 2×240km。

该工程是锡林郭勒盟—山东 1000kV 特高压交流输变电工程及相关电源项目配套接入系统工程，是特高压骨干网架的重要组成部分。工程投运对提高内蒙古煤电外送能力，满足京津冀鲁地区电力负荷增长需要，改善区域性大气环境质量，具有重要意义。

（6）宁东—浙江（±800kV 特高压直流）。

2016 年 8 月 21 日，宁东—浙江 ±800kV 特高压直流输电工程圆满完成 168h 试运行，成功具备投入商业运行条件。该工程是中国大气污染防治行动计划中 12 条重点输电通道之一，项目起于宁夏灵武市，止于浙江绍兴市，线路全长 1720km，经过 6 省区 18 个市。

该工程建成后，线路送电容量 800 万 kW，年外输电达 500 亿 kW·h，**标志着中国西北至华东的这条输电大动脉正式贯通**，为西北地区将资源优势转化为经济优势提供强有力的支撑，也有效缓解了华东地区电力供应紧张的局面。

（7）酒泉—湖南（±800kV 特高压直流）。

2017 年 6 月 22 日，酒泉—湖南 ±800kV 特高压直流输电工程正式投运。该工程于 2015 年 6 月正式开工，途经甘肃、陕西、重庆、湖北、湖南 5 省（市），建设桥湾、湘潭 2 座换流站，每个换流站的容量为 800 万 kW，总共 1600 万 kW，线路全长 2383km。

该工程重点服务风电、太阳能发电等新能源送出的跨区输电通道，**全面采用中国自主开发的特高压直流输电技术和装备**。工程投运后，有力促进了甘肃能源基地开发与外送，缓解华中地区电力供需矛盾，有力拉动经济增长、扩大就业、增加税收，推动华中地区大气污染防治。

(8) 山西晋北—江苏南京（±800kV 特高压直流）。

2017 年 6 月 27 日，±800kV 山西晋北—江苏南京特高压直流输电工程正式投运。该工程途经山西、河北、河南、山东、安徽、江苏 6 省，换流容量 1600 万 kW，线路全长 1119km。

该工程是国家大气污染防治行动计划"四交四直"工程之一，也是"西电东送、北电南供"的重要工程，肩负着山西煤电、风电开发与联合外送使命，对促进山西能源基地开发与能源外送，扩大新能源消纳范围，满足华东地区用电需求及加快能源结构调整、增加清洁能源供应、缓解环保压力具有重要意义。

(9) 锡林郭勒—泰州（±800kV 特高压直流）。

2015 年 12 月 15 日，锡林郭勒盟—泰州±800kV 特高压直流输电工程正式开工。此工程途经内蒙古、河北、天津、山东、江苏 5 省（市、区），新建锡林郭勒盟、泰州 2 座±800kV 换流站，线路 1641km，输电能力 1000 万 kW，总投资 264 亿元，其中锡林郭勒盟境内建设特高压站 1 座，特高压线路 280km。

2017 年 9 月 30 日，该工程成功通过 168h 试运行，全面建成投产，创造了新的世界纪录。**该工程是世界上首个额定容量达到 1000 万 kW、受端分层接入 500kV/1000kV 交流电网的±800kV 特高压直流工程。**

该工程是我国大气污染防治行动计划的重要组成部分，其投运对推动锡林郭勒盟能源基地是大规模外送、提高资源开发容量、促进锡林郭勒盟经济成长、缓解受端江苏地区"十三五"供需矛盾具有重要的意义。

2017 年 11 月，中国在建的特高压重点工程包括 2 项特高压交流、5 项特高压直流工程。2017 年 11 月在建的特高压重点工程见表 2-8。

表 2-8 2017 年 11 月在建的特高压重点工程

序号	电压等级及性质	工程起落点	开工日期	建设长度（km）
1	1000kV 特高压交流	苏通 GIL 综合管廊	2016 年 8 月	6×5.5*
2	1000kV 特高压交流	北京西一石家庄	2017 年 10 月	2×228
3	±800kV 特高压直流	上海庙一山东	2015 年 12 月	2383
4	±1100kV 特高压直流	准东一皖南	2016 年 1 月	1238
5	±800kV 特高压直流	滇西北一广东	2016 年 4 月	1959
6	±800kV 特高压直流	扎鲁特一青州	2016 年 8 月	1620

* 单回长度为管廊长度。

延伸阅读——部分在建重点工程概况

（1）苏通 GIL 综合管廊（1000kV 特高压交流）。

2016 年 8 月 16 日，淮南—南京—上海 1000kV 特高压交流输变电工程苏通 GIL 综合管廊工程（简称"苏通 GIL 综合管廊工程"）开工。该工程是华东特高压交流环网合环运行的咽喉要道和控制性工程，起于北岸（南通）引接站，止于南岸（苏州）引接站，隧道长 5530.5m，盾构直径 12.1m，是穿越长江大直径、长距离过江隧道之一。计划于 2019 年建成投运。

苏通 GIL 综合管廊工程是华东特高压交流环网合环运行的关键工程，对提高华东地区接纳区外电力能力、提升电网安全运行水平，降低华东地区大气污染，满足华东地区经济社会发展具有重大意义，同时，可以为其他类似工程积累经验。

（2）上海庙—山东（±800kV 特高压直流）。

2015 年 12 月 15 日，上海庙—山东±800kV 特高压直流工程正式开工。该工程起于内蒙古上海庙，落点山东临沂，途经内蒙古、陕西、山西、河北、河南、山东 6 省（区），新建上海庙、临沂两座换流站，换流容量 2000 万 kW，线路全长 1238km，其中山东境内线路长 307.9km，计划于 2017 年建成投运。该工程建成投运后，每年可向山东送电约 550 亿 kW·h，减少燃煤运输 2520 万 t，减排烟尘 2 万 t、二氧化硫 12.4 万 t、氮氧化物 13.1 万 t、二氧化碳 4950 万 t。

该工程的建设有助于促进内蒙古上海庙地区经济社会发展，缓解山东省能源供需矛盾和大气污染防治压力，满足山东省电力需求及经济发展需要。

（3）准东—皖南（±1100kV 特高压直流）。

2016 年 1 月 11 日，准东—皖南±1100kV 特高压直流输电工程开工。该工程起点位于新疆昌吉自治州，终点位于安徽宣城市，途经新疆、甘肃、宁夏、陕西、河南、安徽 6 省（区），新建准东、皖南 2 座换流站，换流容量 2400 万 kW，线路全长 3324km，送端换流站接入 750kV 交流电网，受端换流站分层接入 500/1000kV 交流电网。计划于 2018 年建成投运。

该工程是目前世界上电压等级最高、输送容量最大、输送距离最远、技术水平最先进的特高压输电工程，是国家电网公司在特高压输电领域持续创新的重要里程碑，对于全球能源互联网的发展具有重大的示范作用。

（4）滇西北—广东（±800kV 特高压直流）。

2016 年 2 月 3 日，西电东送主网架海拔最高、线路最长的大通道——滇西北送电广东±800kV 特高压直流工程开工建设。该工程是国家大气污染防治行动计划 12 条重点输电通道之一，工程西起云南省大理州剑川县，东至广东省深圳市宝安区，线路全长 1959km，是南方电网公司目前最长的输电工程，也是西电东送首条落点深圳的特高压直流线路。送电能力 500 万 kW，计划在 2017 年底前具备送电能力。

该工程的建设有助于提高西部澜沧江上游电能的外送能力，同时也可缓解珠三角地区的环境污染问题，有力促进转变经济发展方式，推进低碳经济发展。

（5）扎鲁特—青州（±800kV 特高压直流）。

2016 年 8 月 25 日，扎鲁特—青州±800kV 特高压直流工程开工。该工程起点位于内蒙古通辽市，终点位于山东潍坊市，途经内蒙古、河北、天津、山东 4 省（区、市），新建扎鲁特、青州 2 座换流站，换流容量 2000 万 kW，线路全长 1234km，送端换流站接入 500kV 交流电网，受端换流站分层接入 500/1000kV 交流电网。计划 2017 年底建成投运。

该工程是落实中央全面振兴东北老工业基地战略部署，推动东北电力协调发展的重大工程，对能源资源在全国范围内的优化配置、保障国家能源安全、推动清洁发展、加快结构调整、拉动经济增长具有重大作用。

为保障特高压电网安全稳定运行，更好地消纳风电、太阳能发电，中国还开展了多个同步调相机、抽水蓄能电站工程。

（1）同步调相机。

特高压电网是解决中国能源资源大范围优化配置、推动能源转型升级的必然选择。为实现特高压电网安全稳定运行，需要加强动态无功补偿装置的规划、建设、运行和管理，建设一批调相机组，能有效解决无功与电压问题。国家电网公司 2017—2018 年计划建设 22 项、47 台调相机，总容量达到 1370 万 kvar。截至 2017 年 3 月，已开工 7 项工程（临沂、酒泉、锡林郭勒盟、皖南、湘潭、泰州、扎鲁特），其余 15 项处在可研、核准与批复阶段。

（2）抽水蓄能电站。

抽水蓄能电站在电网运行中承担着调峰、填谷、事故备用的重要作用，是电网安全运行的稳定器。为着力解决弃风弃光问题，国家电网公司近几年逐步加大这一领域的投资。截至 2016 年底，国家电网公司已投运抽水蓄能电站 20 座，装机容量达 1907 万 kW；在建抽水蓄能电站 14 座，装机 2175 万 kW。

（二）国家电网公司发展成效

（1）电力供应。

2016 年，清洁能源省间交换电量 3628 亿 kW·h，开展电力直接交易 5093 亿 kW·h，西南水电外送 1 293.57 亿 kW·h；无重大及以上电力安全事故、设备事故；城市供电可靠率 99.946%。截至 2016 年底，建设改造智能变电站 2554 座，特高压累计送电 6150 亿 kW·h。截至 2017 年 10 月底，累计建成投运"八交八直"特高压工程，"两交三直"工程正在建设，"一交"工程获得核准，合计特高压线路超过 3.2 万 km、变电（换流）容量达到 3.3 亿 kV·A（kW）。

（2）经营绩效。

2016 年，售电量 36 051 亿 kW·h，同比增长 4.48%；营业收入 20 946 亿元，同比增长 1.1%；利润总额 866 亿元；连续第 2 年位居世界五百强企业第 2 位。

（3）绿色环保。

2016 年，消纳清洁能源 11 893 亿 kW·h；电能替代电量 1030 亿 kW·h；促进社会节约电量 122 亿 kW·h；全网综合线损率 6.75%，同比下降 0.4 个百分点。截至 2016 年底，累计建成电动汽车充电站 5528 座，充电桩 4.2 万个。

（4）普遍服务。

2016 年，援疆电力投资 133 亿元，其中，电网投资 68 亿元；农村电网升级改造投入 1718 亿元，其中，村村通动力电投资 86.2 亿元，小城镇和中心村电网升级改造投资 843 亿元；农村供电可靠率 99.782%；治理"低电压"用户 335.7 万户；降低电力用户购电成本 306 亿元，其中，降低工业用电成本 168 亿元。

（三）南方电网公司发展成效

（1）电力供应。

2016 年，无重大及以上电力安全事故、设备事故，客户满意度 79.5 分，比 2015 年提高 0.5 分；全年中心城区停电时间 4.6h。截至 2016 年底，建成"八条交流、九条直流"西电东送通道。

（2）经营绩效。

2016 年，售电量 8297 亿 kW·h，同比增长 6.1%；营业收入 4765 亿元，同比增长 1.4%；利润总额 556 亿元；世界五百强企业排名第 95 位，同比上升 18 位。

（3）绿色环保。

2016 年，非化石能源发电量占比 50.7%；全网综合线损率 6.38%，同比下降 0.34 个百分点；节能发电调度减少耗能 1117 万 tce；助力客户节能 10 亿 kW·h；西电东送电量 1953 亿 kW·h，同比增长 3.3%；电能替代电量 45 亿 kW·h；区域内火电机组供电煤耗率 311gce/（kW·h），同比下降 1.58%；新增电动汽车充电站 73 个，电动汽车充电桩 1303 个。

（4）普遍服务。

2016 年，农村电网升级改造投入 324 亿元，同比增长 87.3%；农村供电可靠率 99.77%。

2.3.2 电网存在的问题

特高压电网与配电网"两头薄弱"问题亟须解决。各级电网协调发展水平逐步提升，总体满足了经济社会发展的需要。但是特高压和配电网"两头薄弱"问题依然突出，电网大范围优化配置资源能力和供电保障能力亟待提高。

特高压电网"强直弱交"问题突出。全国电网骨干网架正处于向特高压升级的过渡期，特高压主网架尚未形成，随着新能源大规模接入，电网物理特性发生深刻变化，特高压电网"强直弱交"问题日益突出，电网安全面临很大挑战。

城乡电网发展不平衡。由于城乡发展、区域发展不平衡等客观因素，一些地区农村电网还比较薄弱，城乡电力差距还比较明显，电力普遍服务水平还有待大幅提高。城乡配电网特别是农村电网，在设备标准化、管控水平等方面还存在一些薄弱环节，需要加大改造升级力度，畅通客户服务最后一公里。

2.3.3　电网的发展重点

完善特高压电网网架，实现各级电网协调发展。保持合理规模的投资，完善特高压电网，统筹推进交流与直流、送端与受端、特高压与配电网协调发展，实现各级电网紧密衔接，提高电网整体效能。

建设智能电网，提升电网资源配置能力。强化技术研发应用，利用特高压输电、新能源并网、大电网安全控制等核心技术优势，积极推进智能电网建设。建设大电网、构建大市场，扩大西电东送规模，提升电网资源配置能力、安全运行水平、清洁能源消纳能力，促进西部可再生能源基地开发和东部雾霾治理。

推进城乡电网建设。加快构建灵活可靠的城市网络，优化规范城镇地区网络结构，加大农网建设、电力扶贫、电能替代、富民兴边等投入，大力推动北方地区清洁能源供暖和电力普遍服务。推进城乡供电服务均等化进程，加快西部及贫困地区农村电网改造升级。

实施新一轮农村电网升级改造工作。在实施"十三五"期间新一轮农网改造升级工程的同时，打好"两年攻坚战"，确保 2017 年底前完成 6.6 万个小城镇（中心村）电网升级改造和 219 万眼农田灌溉机井通电电网改造工程建设。

强化电网与互联网融合发展。随着智慧时代的到来，"大云物移"和人工智能技术广泛应用，进一步强化电网与互联网深度融合。适应分布式电源、微电网、电动汽车、储能装置等快速发展需求，加快现代信息技术在电网建设、运行、管理、服务等各环节的应用，全面提高电网智能化水平，提高能源网络的经济性、适应性和灵活性。

2.4 小结

2016 年，中国经济保持中高速增长，产业结构持续优化升级，能源消费强度下降，电能占终端能源消费比重提高。电力规划工作有效到位，电力市场化改革深入推进，电源规划建设调控政策加码，煤电、风电产能过剩有所缓解，全面实施电能替代，推动可再生能源发展，电网发展面临良好环境。

电网投资方面，全国电网投资持续增加，2016 年配电网投资增速快于输电网，近六年配电网累计投资超过输电网。电网单位造价水平受物价水平、技术进步、单站容量、单变容量、出线数量、站址条件、设备价格、装置类型、征地拆迁等综合因素影响，具有一定的波动性。

电网规模方面，全国电网持续快速发展，特高压和配电网建设是重要的领域。2017 年 11 月，形成了"八交十直"的特高压电网，新一轮农村配电网升级改造取得良好进展。国内区域电网互联逐步加强，电网跨区互联互通合作不断深化。

网架结构方面，基本实现了全国电网互联，各省级电网通过交直流联网，形成华北—华中、华东、东北、西北、南方 5 个区域同步电网。川渝第三通道投运、西北电网省间 750/330kV 电磁环网实现解环运行、云南电网与南网主网实现异步互联。

运行交易方面，全国电网总体保持安全稳定运行，跨区域配置能源的作用进一步发挥，消纳新能源能力逐步提升，跨省跨区电力交易电量快速增加，市场在配置资源中的主导作用充分体现，为企业和社会释放巨大的改革红利。

电网经营方面，全国电网宏观利用率总体保持稳定水平，近年来随着服务能源转型发展、服务城乡均衡发展、提升普遍服务水平等工作的推进，电网宏观利用率稳中略降；电网投资效益在 2015 年达到低谷后，2016 年电网投资效益大幅提升，随着电网公司精准投资计划的实施，电网投资效益进一步提升的动力充足。

3

电网安全可靠性

电网安全可靠性可以度量一个电网向电力用户不间断提供电力和电量的能力，是电网正常运行的基本条件。当代社会，电网已成为重要的能源载体，直接关系到生产生活、社会稳定，电网的安全可靠性得到不断重视。

近年来，各国在提高电网安全可靠性方面做了大量工作，电网可靠性总体呈上升趋势。比如，中国国家电网公司在特高压输电、智能电网、大电网运行控制、新能源接入等方面，取得一批具有全球领先水平的科技创新成果，在本质安全方面开展大量工作，保证了电网安全稳定运行，支撑中国电网成为全球安全水平最高的电网之一。

不可忽视的是，大多数电网的运行都存在安全风险。本章基于国际上已发生的 150 余起事故，系统梳理了停电事故的主要原因，并挑选 2016 年以来南澳州、美国、中国台湾等典型停电事故情况进行了针对性分析。展望未来，大规模可再生能源迅速发展，电网信息化提升，分布式电源、储能系统、微电网等的普遍应用，这些都是电网发展领域值得关注的新风险点。

3.1 主要地区和国家电网可靠性

3.1.1 电网可靠性情况

（一）美国电网

2016 年，美国电网停电 75 次，比上一年减少 4 次，相较于 2011

年减少 109 次。2011—2016 年美国电网停电次数如图 3-1 所示。

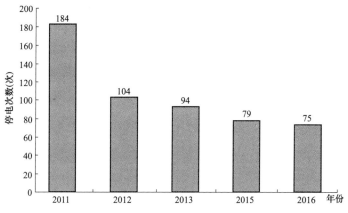

图 3-1 2011—2016 年美国电网停电次数❶

2011 年以来，美国电网的停电次数保持下降趋势，显示出自 8·14 美国和加拿大大停电后，美国不断加强电网安全建设起到了效果。美国智能电网研究明确指出弹性（即电网故障后具有恢复力）是智能电网的特征之一，美国电网安全建设强调通过电网的现代化建设提升电网的弹性。另外，美国非常重视电网信息安全。2016 年 6 月，北美电力可靠性委员会发布重要架构防护标准，整个标准分 8 个部分，通过禁止对电力系统重要资产和重要信息资产的未授权接入，来实现大规模电力系统的可靠和安全操作。

（二）英国电网

2016 年，英国电网停电 29 次，较上一年减少 7 次，较 2012 年减少 9 次❷。近几年来看，2014 年停电次数最多，高达 57 次。英国近 5 年停电次数如图 3-2 所示。

---

❶ Source：Form OE-417，"Electric Emergency Incident and Disturbance Report"；2014 年数据缺失。

❷ National Electricity Transmission System Performance Report。

2016 年，英国电网停电损失电量 105.01MW·h，较上一年增加
84.99MW·h，但较 2012 年下降 662.42MW·h❶。英国近 5 年停电损
失电量如图 3‑3 所示。

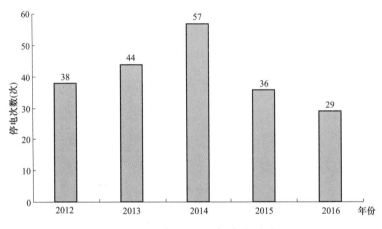

图 3‑2　英国近 5 年停电次数

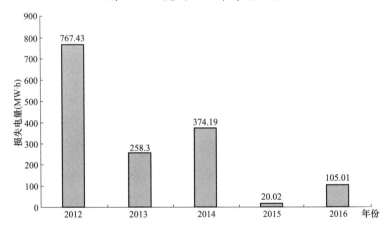

图 3‑3　英国近 5 年停电损失电量

英国政府非常重视电网安全问题，利用停电次数和停电损失电量
两个指标衡量年度的全国电网供电安全性。从近五年发布的停电情况
看，2012 年，因单次停电损失负荷较大，导致 38 次停电损失电量

❶　National Electricity Transmission System Performance Report。

767.43MW·h，平均单次停电损失电量 20MW·h。2014 年停电次数较多，但以小范围停电为主，损失电量较小。总体看，英国电网的安全可靠性基本处在稳定水平。

（三）日本电网

东京电力公司是日本最大的供电公司，可以一定程度反映全日本供电可靠水平。2015 年，东京电力公司的年户均停电次数为 0.06 次，户均停电时间为 6min。从 1981—2015 年的总体情况看，除 2010 财年❶由地震引起的大规模停电外，东京电力公司的户均停电次数控制在 0.4 次以内。1981—2015 财年日本东京电力公司电网户均停电次数、户均停电时间的变化曲线如图 3-4 和图 3-5 所示。

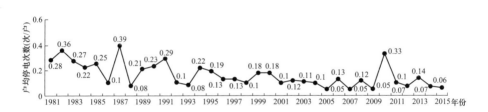

图 3-4　1981—2015 财年日本东京电力公司电网户均停电次数

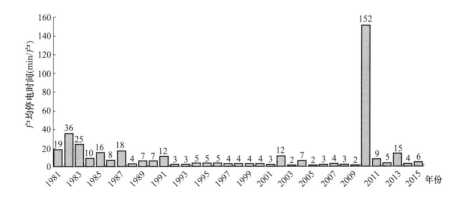

图 3-5　1981—2015 财年日本东京电力电网户均停电时间

❶　2011 年 3 月 11 日福岛发生里氏 9.0 级地震并引发海啸，造成核电站停运，从而造成大量供应缺口。

（四）中国电网

（1）全国供电可靠性。

2016 年，中国户均停电时间为 17.11h/户，比上一年增加 6.61h/户，其中城市为 5.2h/户，农村为 21.23h/户；户均停电次数为 3.57 次/户，较 2015 年的 2.52 次/户增加 1.05 次/户❶。2012—2016 年中国户均停电时间、户均停电次数如图 3-6 和图 3-7 所示。

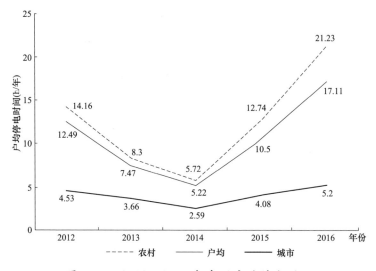

图 3-6　2012—2016 年中国户均停电时间

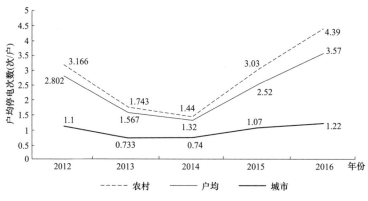

图 3-7　2012—2016 年中国户均停电次数

---

❶　数据来源：国家能源局。

2015、2016 年户均停电时间和户均停电次数有所增加，主要是受极端恶劣天气、施工改造造成的计划停电增加、数据统计更加全面等多种因素影响。

(2) 区域供电可靠性。

2016 年，华北、华东、华中区域的供电可靠性优于全国平均水平，其中华东最优，户均停电时间为 10.55h/户，户均停电次数为 2.47 次/户。2016 年中国各区域全口径户均停电时间、区域全口径户均停电次数如图 3-8 和图 3-9 所示。

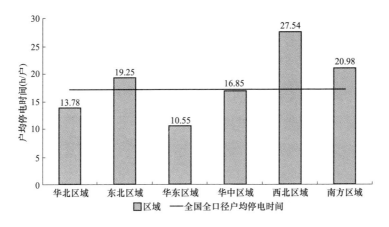

图 3-8　2016 年中国各区域全口径户均停电时间

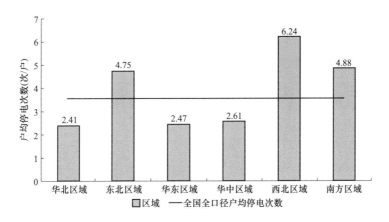

图 3-9　2016 年中国各区域全口径户均停电次数

分省（市）看，上海、北京、天津、江苏等地的用户平均停电时间低于 10h/户。上海、江苏、天津、北京、山东、浙江、福建、广东、重庆、安徽、湖南、河北、宁夏、吉林等省（市）用户平均停电时间低于全国平均值 21.23h/户。

3.1.2　电网可靠性提升经验

持续提升电网可靠性水平，提高供电连续性，满足客户对优质电力服务的需求是世界各国电力企业的共同目标。英国早在 20 世纪 60 年代就开始了配电系统可靠性的研究，并于 1978 年发布了《供电安全导则》。经过半个多世纪的不断探索，世界各国在提高供电可靠性措施方面取得了一些成功经验。总体看来，主要有以下几个方面。

（1）合理规划电网网架结构。

坚强的电网网架对保障供电安全可靠性非常重要。坚持统一规划、合理布局，加强电力外送通道建设，增强主网架，合理设计配电网络，形成以特高压网架为基础，输、配电网协调发展的电网结构，使其成为保障供电安全的坚实物理基础。对于配电网而言，需要根据经济发展水平、地域特点及发展理念的不同，综合考虑经济性、适用性、实用性等因素，加强联络率，提高供电的灵活性，实现配电网高效可靠运行。比如，法国的中压配电网采用双环网和用户双接入的接线模式；德国除低压网外，在配电网规划中均遵循"$N-1$"准则（特殊地区遵循"$N-2$"准则），并通过 Zollenkopf 曲线给出了不同的停电功率情况下的允许停电时间；英国配电网规划以提升用户供电可靠性为重要目标之一，按负荷组大小划分级别，以"$N-1$"和"$N-1-1$"法则作为衡量手段，给出各级电网所应达到的安全性和可靠性水平；新加坡配电网采用了莲花瓣网架，采用合环运行方式，供电可靠率维持在99.999 9％以上，户均停电时间 0.56min。

（2）积极推动设备更新换代。

设备是电网的基本单元，降低设备故障率可有效提升供电可靠率。比如，投入少油或无油断路器，可避免油介质断路器的维修量大、维修耗时等弊端，提高供电可靠性水平；架空线路绝缘化改造，能够减少线路故障特别是各类接地故障。日本东京电力公司在电力设备上的改造主要有：①安装放电夹。在固定电线的绝缘子上设置放电夹，雷电发生时不经电线放电而从放电夹放电，以防止引起断线，大幅度降低了停电时间。②电线的绝缘改造。20世纪60年代中期，日本的高架电线大部分是裸线，为防止树木和小动物等接触引起的配电事故，以及作业人员等接近电线因触电而造成人员的伤亡事故，全部改选为绝缘导线。③电杆上开关的无油化。在20世纪60年代中期，电杆上都是油开关，为避免雷击及油的绝缘劣化引起内部短路而招致公共灾害，全部采用真空开关和空气开关。④配电线路电缆化。东京区内人口密度大，自然环境相对稳定，东京地区配电线路电缆化率已达到83.9%。美国PG&E公司投资升级乡村电网，在超过440个性能最差的乡村电线上安装5000多组熔丝和500多个线路继电器，使三年间减少了33%的停电。

（3）大力推广配电自动化。

随着配电网规模的不断扩大，传统的人工查询故障处理模式造成一点故障全线停电，恢复供电速度慢，大大制约了供电可靠性提升。配电自动化对于减少停电恢复时间，缩小非故障停电区域具有重要作用。日本于20世纪60—70年代着手研发各种就地控制方式和馈线开关的远方监视装置；1985—1990年，东京电力、北陆电力、关西电力、四国电力、东北电力、中部电力、北海道电力先后采用大规模配电自动化系统。例如，九州电力公司很早就开始建设配电自动化，在实现对全部开关的远方控制后，全公司配电网的停电时间保持在 1～2min/（年•户）水平。美国 PG&E 公司在超过 500 条线路上安装智能开关，在停电发生时，可以在数分钟内自动恢复线路，据统计，到 2013 年年末，仅该项措施就避免了超过 23 万户次停电。

（4）开展不停电作业等新技术应用。

配电网不停电作业是以实现用户不中断供电为目的，采用带电作业、旁路作业等方式对配电网设备进行检修的作业，可有效降低计划停电时间，是提高配电系统供电可靠率的有效途径。日本东京电力公司开展不停电施工法，采用旁路线路供电效果显著，将客户的年平均施工停电时间降低到 2min。中国逐渐完善了 10kV 架空配电线路带电作业管理规范、电缆不停电作业技术导则等制度标准体系，配电网带电作业水平持续提升。

（5）引入目标管理，并辅以奖惩机制。

国外供电企业的可靠性管理普遍实行目标管理，部分企业还制定了严格的奖罚措施，将被动性管理转变为主动性预防，减少了无序检修停电。美国某些州电力公司采用了以过去若干年可靠性指标的平均值为基础，确定未来年度可靠性目标。英国、法国和德国均有供电可靠性奖励和惩罚措施。法国和德国将系统平均停电时间（SAIDI 指标）作为供电可靠性奖惩的标准。英国政府成立了天然气和电力市场监管办公室（office of gas and electricity markets，OFGEM），推出了服务质量奖惩机制，对用户停电时间、用户停电次数和风暴天气情况下的用户电话响应水平等服务水平指标进行考核，并规定了各配电公司应遵守的承诺供电标准，配电公司若达不到此标准，则需向受影响的用户做出经济补偿。

（6）高度重视电力系统信息安全建设。

中国电力企业从规划设计、建设改造、运行维护、风险评估、等保测评、技术监督等环节加强电力监控系统的安全防护水平，构建了栅格状电力监控系统动态安全防护体系，保障了电力系统的安全稳定运行和电力可靠供应。截至 2016 年，中国 110kV 及以上厂站实现调度数据专网全覆盖，建设调度数据网双平面网络节点近 5 万个，部署横向物理隔离设备，纵向加密认证装置等专用设备 5 万多套，调度数字证书系统部署至市一级调度机构。同时，电力监控系统安全防护工作的纵深发展，带动了安全操作系统和硬件方面的科研及产业的发展，各电力企业累计使用国产计算机及操作系统 2 万多套，调度数据网络全面实现国产化。

3.2 大规模停电事故

3.2.1 停电事故主要原因

自 1965 年美国"11·9"东北部大面积停电事故后，大停电事故成为全球范围关注热点。大面积停电事故往往是由多方面不利因素综合作用的结果，本章选取了国外自 1965 年以来的 150 余次具有较大影响的大面积停电事故进行综合分析，揭示事故背后的深层次原因。在 150 多次大停电事故的初始原因中，关键设备故障原因占 74 次，自然灾害及极端天气的原因占 45 次。另外，系统运行操作不当及误操作 15 次，外力破坏 7 次，供需严重失衡导致大面积限电 6 次（其中美国加利福尼亚州能源危机 3 次），计算机攻击 3 次（巴西 2 次，乌克兰 1 次）。

（一）关键设备故障与自然灾害

近 80% 的大停电事故是由关键设备与自然灾害引起的。2017 年俄罗斯远东地区"8·1"电网大面积停电事故是由一条 220kV 输电线路发生短路引发的。本次事故造成布列亚水电站 5 台机组停运，负荷下降 140 万 kW，约 150 万用户受到影响，远东部分电气化铁路停运，减少向中国供电 44.7 万 kW。

（二）系统保护等技术措施不当或处置不力

从对多次大面积停电事故的复盘推演结果来看，如果采取合理可靠的安全校核、系统保护与安全稳定控制策略，则其中大部分停电事故完全可以避免或者将损失控制在较小范围。

一是对风险校核不到位。历史上有多起大面积停电事故是在系统中未发生故障的情况下出现的，其中多数又是由于线路长时间过载引发保护动作而诱发的，如 1978 年法国"12•19"大停电事故、2006 年欧洲"11•4"大面积停电事故、2012 年印度"7•30"与"7•31"事故等都与风险校核不到位有关。

二是系统保护设置不当。分析发现大停电事故多发地区的距离保护普遍没有实现振荡闭锁，保护容易在事故过程中因为功率振荡而动作，进而引发连锁故障。如美国直至 1996 年大停电事故之后才考虑将距离保护第三段停用。2012 年印度发生的"7•30"和"7•31"事故也是由于距离保护三段动作切除过载线路，继而引发功率振荡导致连锁故障造成的。

三是"最后一道防线"不可靠。如美国直至 1965 年东北部大停电事故后才配置低频减载设备，比中国东北地区都要滞后 10 多年。在 1996 年停电事故后，北美电力可靠性协会颁布了《NERC 设计标准》，并提出了类似中国的"三道防线"，然而其最后一道防线的可操作性及最终效果并不理想。此外，1987 年东京"7•23"电压崩溃及马来西亚 1996 年"8•3"全国性频率崩溃等事故都与其在紧急状态下切负荷措施不力直接相关。

（三）电网结构不够坚强

不同的电网结构对于系统故障和扰动的承受能力有着显著差异。从发生大停电事故频率排名前几名的地区和国家来看，往往由于历史发展进程和体制方面的原因，未能有效构建一个清晰合理的电网结构，存在未能实现有效分层分区、网架薄弱环节多、事故容易扩大等问题。

如近年来发生大停电事故较多的美国，其长期以来由各州主导发展的电网，缺乏统一规划，电压等级混乱，形成了长距离、弱电磁环网的不合理结构。又如屡次发生大停电事故的加拿大，安大略电网与美国东部电网形成了首尾相连的送受端环网结构，容易在紧急事故情况下使系统状态进一步恶化。再如发生多次大停电事故的巴西，其电网更是缺乏合理的分区结构，受端主网架不强，动态无功支撑较差，"头重脚轻"问题突出。2017年8月1日发生的俄罗斯远东地区大停电事故直接原因是一条220kV输电线路发生短路，根本原因为俄罗斯电网特别是远东地区电网建设投入长期不足，电网结构较为薄弱，抗风险能力不强。

（四）电源结构不合理

2016年9月28日，南澳州发生全州停电原因之一为大规模可再生能源的接入。南澳州电网可再生能源占比在世界上名列前茅，根据南澳州输电公司数据，2016年5月22日，南澳州风电占日需求的87%，大规模新能源接入降低了系统转动惯量和调频、调压能力，在遇到恶劣天气、电网发生多重故障时会对电网安全稳定运行带来严重威胁。

（五）网络攻击等非传统电网安全风险

当前，电网运行控制高度依赖电力监控系统及其网络，控制业务已覆盖全部变电站和发电厂，电力监控系统安全已成为电网安全的重要组成部分。网络攻击已成为敌对势力破坏关键基础设施的重要手段。2015 年 12 月 23 日，黑客对乌克兰电力系统发起网络攻击，导致伊万诺 - 弗兰科夫斯克地区发生大面积停电，140 万人受到影响，整个停电事件持续了 6h 之久。这是首次由黑客的攻击行为而导致的大规模停电事件。本次事件中，黑客通过欺骗电力公司员工信任、植入木马、后门连接等方式，绕过认证机制，对乌克兰境内三处变电站 SCADA 发起网络攻击，造成 7 个 110kV 和 23 个 35kV 变电站发生故障，从而导致伊万诺 - 弗兰科夫斯克地区发生大面积停电事件。

3.2.2 典型停电事故分析

2016 年以来，国际上发生了多起停电事故，表 3 - 1 列出了其中的 8 次，其中由设备或变电站故障引发的停电事故 6 例，极端天气 1 例，人为误操作 1 例。

表 3 - 1 2016 年以来国际大规模停电事故信息表（部分）

时间	地区	影响（负荷、人口、生产生活等）	事故原因
2016 年 9 月 28 日	南澳州	全州约 85 万用户停电，损失负荷 189.5 万 kW	极端天气
2016 年 10 月 12 日	日本东京	11 个区共计 58.6 万用户停电	电缆起火
2017 年 4 月 21 日	美国纽约	纽约地铁停运或延迟	设备故障
2017 年 4 月 21 日	洛杉矶国际机场	自动扶梯、自动人行横道和多个安检口等设备短时间无法运行	断路器起火
2017 年 4 月 21 日	旧金山	9 万电力用户停电，约占当地居民的 1/10	变电站故障❶

---

❶ http://news.sina.com.cn/w/2017 - 04 - 22/doc - ifyepsra5132205.shtml。

续表

时间	地区	影响（负荷、人口、生产生活等）	事故原因
2017 年 7 月 1 日	中美洲国家巴拿马、哥斯达黎加、尼加拉瓜等国	数以百万计的人受到影响，如巴拿马多达 200 万人，哥斯达黎加约 500 万人❶	电缆故障
2017 年 8 月 1 日	俄罗斯远东地区	约 150 万用户受到影响，远东部分电气化铁路停运	输电线路短路
2017 年 8 月 15 日	中国台湾省	约 668 万户受影响，损失负荷 438 万 kW	人为误操作电厂供气中断

（一）南澳州停电事件分析

（1）南澳州电源和网架基本情况。

南澳州位于澳大利亚中南部，占澳大利亚大陆总面积的 1/8，人口约 170.2 万。南澳州主干输电网由 275kV 输电线路构成，并通过 275kV 联络线 Heywood 和一条 150kV 直流电缆 Murraylink 与维多利亚州相连，用电负荷约为 189.5 万 kW。Heywood 联络线与南澳州主要输电线都由输电服务商 ElectraNet 负责运维。

（2）事故基本情况。

根据澳洲能源市场运行机构调查结果显示，2016 年 9 月 28 日，南澳州受极端天气影响，龙卷风瞬时风力达到 190～260km/h，约在 16 时 16 分，州内三条 275kV 输电线路几乎同时损坏并跳闸，引发大幅度电压扰动 6 次，继而引发 9 座风电场共计 45.6 万 kW 风力发电脱网。事故前，南澳州通过与维多利亚州相连的联络线 Heywood（最大输电能力 60 万 kW）购入电力 52.5 万 kW，事故发生后风电场

---

❶ http：//www.taihainet.com/news/txnews/gjnews/sh/2017-07-03/2030196.html。

出力突发性大幅损失导致 Heywood 联络线严重过载跳闸，南澳州此时剩余发电容量不足以应对瞬间 98 万 kW 电力供应减少，突发性大规模出力损失超出低频减载装置反应速度，低频减载保护未能及时启动切负荷，在首次输电线路故障发生仅 2min 后，系统频率崩溃，16 时 18 分南澳州全网大停电，损失负荷约 189.5 万 kW，16 时 25 分南澳州电力市场暂停。

大停电事件发生后，澳洲能源市场运行机构和 ElectraNet 于当日 16 时 30 分开始重启系统，托伦斯岛电厂首先启动，逐步恢复部分负荷和输电系统，9 月 28 日 20 时 30 分，约 40% 用户恢复供电，截至午夜，80%~90% 用户恢复供电，至 10 月 11 日，所有用户恢复供电，澳洲能源市场也于当日 22 时 30 分恢复。

（3）暴露问题。

1）南澳州电网与外部电网联络线是薄弱环节。

ElectraNet 公司电网与维多利亚州的联系包括一条双回交流 275kV Heywood 联络线和一条 MurrayLink 132kV 直流电缆，Heywood 联络线最大运行功率为 65 万 kW，MurrayLink 传输功率为 22 万 kW。AEMO 和 ElectraNet 公司联合发布的技术分析报告称"澳洲东南部的 Heywood 联络线路在支撑南澳州系统稳定运行中起着越来越重要的作用"。这是因为 Heywood 联络线占本地最大负荷约 22%，一旦故障会造成 ElectraNet 公司电网内部电力供需无法平衡。

2）新能源发电占比过高使得系统存在安全隐患。

新能源机组的技术参数对电网安全非常重要。事故中风电机组虽然跨越了电压波动，但是机组对多重故障的控制策略直接导致了大量风机脱网，电网企业不完全掌握对新能源机组的特性。另外，充裕的转动惯量在初始的几秒内为减缓频率变化和启动自动减载具有重要作用，而南澳州的高新能源渗透率使得系统转动惯量不足。

3）缺乏有效的频率、电压控制等电网保护措施。

缺乏有效的本地频率控制措施以保持孤岛系统较长时间稳定运行，缺乏有效的本地电压控制能力以保障电网保护的正确动作、保证风电厂等逆变器连接元件的正常运转，上述因素使得 ElectraNet 公司电网孤岛运行后，难以实现孤岛系统自持运行。

（二）美国停电事件分析

（1）美国电网基本情况。

美国电网已有 100 多年的建设发展历史，最初是由私营和公营电力公司根据各自的负荷和电源分布组成一个个孤立的电网，随后在互利原则基础上通过双边或多边协议、联合经营等方式相互联网，逐步形成了东部、西部和德克萨斯三大联合电网，这三大联合电网之间仅由少数低容量的直流线路连接，分别占美国售电量的 73%、19% 和 8%。

电力市场机制的引入给美国电网带来了巨大的经济利益，也带来了潜在的安全威胁。美国电力基础设施投资严重不足，电力传输网络设备陈旧、老化严重，输电系统阻塞问题严重，输电线路有时运行在稳定极限边缘，电网安全风险要素增加。

（2）事故基本情况。

4 月 21 日，当地时间上午 7：25－9：15 期间，美国纽约、洛杉矶、旧金山三座城市接连发生停电事故，对民众生活产生较大影响。

1）纽约停电事故。

7：25，纽约曼哈顿第 7 大道‐53 街地铁站突然发生断电，一辆正在运行的 D 线地铁被困隧道中，一个多小时后才顺利进站。受停电影响，该地铁站内的 B、D 和 E 线路信号灯熄灭，多辆车停驶，上百名乘客被困车内。为疏导这些车辆，又导致 22 条主线路中 12 条受到影响。纽约地铁一度陷入混乱，早高峰期间成千上万的通勤者受到影响。上午 11：30，第 7 大道 - 53 街地铁站紧急征调来备用发电机，恢复供电，上午 12：00 左右，轨道信号灯恢复，但是相关地铁站依然关闭，事故影响持续至晚高峰。

事故的直接原因被认为是第 7 大道 - 53 街地铁站内爱迪生联合电气公司的设备发生故障，导致该地铁站断电和信号灯熄灭。由于地铁线路的交织，对其他线路带来的影响很严重。据悉，大部分地铁站的设备具有 100 多年的历史，部分机车是林顿·约翰逊总统时期投入使用的，信号系统是在二战之前投入使用的，基础设施的老化增加了事故的概率，同时为事故的隔离和限制带来挑战。本次纽约停电事故与设备老化故障有直接关系，后续漫长的恢复过程也受其影响。

2）洛杉矶停电事故。

8：30，洛杉矶国际机场及周边区域经历了短暂停电，导致上千名乘客滞留。因为停电发生在白天，飞机起降不需要跑道灯，没有影响航班的起降安全，仅导致自动扶梯、自动人行横道和多个安检口等设备无法运行。

据太平洋天然气和电力公司（Pacific Gas & Electric，PG&E）发言人透露，停电的起因是 Larkin 变电站的断路器发生了严重故障，断路器周围绝缘介质起火，进一步恶化导致爆炸，造成变电站停电。该站计划于 2018 年进行维护和改造。

3）旧金山停电事故。

9：15，旧金山发生停电，影响到 Financial District、Presidio、Marina/Cow Hollow 地区，共波及十四个街区，30min 内，旧金山 9 万电力用户停电，将近占当地居民的 1/10。据当地电力公司资料显示，停电区域所属的中北部地区最大负荷约 100 万 kW，其中的 60% 由包括 Larkin 站在内的 5 座 115kV 变电站供电，按负荷早高峰估算，此次 Larkin 站事故损失负荷约为 13 万 kW。事故影响到了商业、学校、医院和旅游，21 个学校停电，3 所医院依靠备用电源发电，三分之一的交通信号灯停电，Montgomery 快轨换乘站陷入漆黑一片，发生 20 起人员卡在电梯的报告，金融区办公区人们走上街头，学校疏散学生，旅游有轨电车停止服务。15∶00 左右，差不多三分之一停电用户恢复供电，17∶00 左右，所有用户恢复供电，无人员伤亡。事故的直接原因是一座变电站故障。

(3) 暴露问题。

1) 设备陈旧老化严重。

美国电网建设时间较早，电网结构在 20 世纪中期已基本成型。随着经济和电力需求增速趋缓，电网的建设与改造停滞。目前，美国电力基础设施投资严重不足，电力传输网络设备陈旧老化严重。按照美国能源部统计，70％的输电线路和电力变压器运行年限在 25 年以上，60％的断路器运行年限超过 30 年。

2) 配电网网架结构和供电区域布局不合理。

从洛杉矶的停电事故看，115kV Larkin 变电站的北部和西部大部分地区没有变电站，该变电站的供电面积很大。115kV 环网主要集中在东部负荷中心地区，Larkin 变电站下没有环网结构，也不存在手拉手情况，Larkin 变电站故障后，供电区域内缺少电力支援，使得供电恢复缓慢。旧金山中北部地区一共有 9 座 115kV 变电站，Larkin 一座变电站故障停运，损失 1/10 的负荷，与变电站的数量比例相一致，一定程度上反映出变电站故障后其供电区域没有得到有效的支援，供电区域之间缺乏有效的联络支援。另外，9 座变电站中有 5 座属于 PG&E 公司，另外 4 座属于其他公司，邻近故障的 Larkin 变电站只有 Misson 一个变电站，不利于协调支援。值得指出的是，这两个配电变电站都布局在东部负荷中心，同时兼顾远方地区负荷供电，导致供电区域过大，事故时容易扩大影响范围。

（三）中国台湾停电事件分析

（1）中国台湾电网基本情况。

中国台湾电力公司（简称"台电"）负责台湾、澎湖、金门和马祖等地区的电力供应。截至 2016 年底，台电共有 11 座水力发电厂、11 座火力发电厂、3 座核能发电厂，发电装机总容量为 42 132.5MW。2016 年发电量 2 257.92 亿 kW•h，其中火力发电量占比达 79.9％〔其中燃煤 36.9％、燃油 4.4％、燃气 36％、汽电共生 2.6％（不含垃圾及沼气）〕，再生能源占比为 5.1％（含水力及汽电共生中的垃圾及沼气），抽蓄水力 1.5％，核能为 13.5％。

中国台湾电力系统频率为 60Hz，电压序列沿用以前欧洲的习惯，主网输电线路电压为 345、161kV；高压配电线路电压为 69、34.5kV；中压配电线路电压为 22.8、11.4kV；低压配电线路主要供动力用电和居民生活用电 220/380V 和 110/220V。从网络结构来看，西部 345kV 网络基本都是环网，负荷中心在台湾北部，电源点在中部，东部网络结构单一，都是 161kV 辐射或自发自用供电。

（2）事故基本情况。

中国台湾大停电事故发生在 8 月 15 日 16 时 51 分，停电范围波及台北、新北、高雄、基隆等 17 个市县。事故直接原因是大潭电厂供气方中油公司在更换天然气计量站控制系统电源时，作业人员操作错误，导致供气中断 2min，致使大潭电厂 6 台机组停运，发电出力瞬间减少 420 万 kW，导致保护系统自动切断部分用电负荷，从而造成大面积停电。此后，台电公司表示，此次中油供气中断导致停电，事出突然，台电实施紧急分区轮流停电，以确保系统稳定，受影响用户高达 668 万，23 时全部用户恢复供电。事故给台湾社会秩序造成严重影响，经济损失巨大。

(3) 暴露问题。

1) 电力系统备用容量不足。

中国台湾电网 2015 年容量备用率约 10.4%，低于 15% 的核定标准。2016 年跌到 10% 以下；2017 年电力供需矛盾更加突出。8 月 15 日大停电前，系统备用容量率仅为 3.17%。

2) 电源规划建设滞后。

气电、煤电、核电是当前中国台湾三大电力来源。受核电问题政治化等因素影响，停建第四座核电站的电力缺口没有可行的弥补措施。另一方面，电源投资意愿和动力不足，燃料价格上涨、电费收入减少等因素，台电已累积亏损 1010 亿新台币（约合人民币 222 亿元）。

3) 安全管理不到位。

事故发生时，中国台湾持续高温，负荷创出新高，安全裕度较低。台电除呼吁民众降低空调负荷外，未采取必要的供电安全保障措施，缺乏必要的用电引导措施。

3.2.3　影响电网安全的新风险点

在新的阶段，电网安全不仅面临诸如设备异常、极端气候、自然灾害等传统因素的影响，还将面临很多新风险点。

（一）大规模可再生能源迅速发展

IEA 报告显示，全球可再生能源发展速度很快，现已超过煤炭成为全球最大新增电源来源。到 2021 年，可再生能源在全球能源消费结构中的占比将增至 42%，可再生能源发电在电力能源中的占比将达到 28%。风电、光伏发电等具有随机性、波动性和反调峰特性，且大量使用电力电子元件，大规模集中并网为电力系统安全运行带来了许多难题和挑战。

（二）电网信息化提升

随着电力系统的基础设施和信息系统更加开放，分布化程度更高，面临的信息安全威胁也更复杂。大量智能表计、智能终端接入，网络边界向用户侧延伸极大提高了用户用电的便捷性，但同时系统中存储的电网网架、地理信息坐标、用户信息等重要敏感数据，存在信息泄露、非法接入和被控制的风险，加大了个人隐私信息保护、跨境数据安全防护等方面的难度。

（三）分布式电源、储能系统、微电网等的普遍应用

分布式能源在全球迅猛发展，美日、欧盟等国已将发展分布式供能作为能源安全、节能和能源经济发展的重要战略。英国在过去 20 年中，已安装超过 1000 个分布式能源系统。美国已建成 6000 多座分布式能源站，预计 2020 年将有 15％的现有建筑、50％的新增建筑采用分布式能源站。中国各类分布式电源总容量预计到 2020 年将超过 18 000 万 kW。分布式发电、微电网、电动汽车、用户储能等的发展将使得用电特征不断变化，增大了需求侧管理难度。配电网将从传统的"无源网"变成"有源网"，潮流由单向变为多向，对配电网短路电流水平、继电保护装置、电压水平控制带来影响，对配电网规划设计、运行控制和安全管理提出更高的要求。

3.3　小结

国内外电网可靠性在持续提升，总结各国历史经验，高可靠性的基础保障在于合理的配电网网络结构，同时推动断路器、线路等设备更新换代，大力推广配电自动化，开展配电网不停电作业等新技术应用，也成为推动配电网可靠性提升的重要措施。

2016 年以来，国际上新发生了包括南澳州，美国纽约、洛杉矶、旧金山，中国台湾等在内的多起停电事故。关键设备故障与自然灾害

是大面积停电事故的主要原因，此外还包括系统保护等技术措施不当或处置不力、电网结构不够坚强、电源结构不合理、网络攻击等非传统电网安全风险。

以新能源快速发展为特征的新一轮能源变革正在孕育发展，"大云物移"、"互联网＋"、人工智能等与电网不断深入融合，未来电网安全运行的新风险点还包括可再生能源迅速发展，电网信息化提升及分布式电源、储能系统、微电网等大规模发展。

4

输配电运营和配用电
服务模式创新

随着可再生能源、储能、电动汽车等电力相关技术的发展，以及信息通信、互联网、人工智能等基础技术的渗透融合，低碳环保、可持续发展、以用户为中心等理念的深入，输配用电运营商与服务商的创新意识逐渐增强，输配电网的运营水平和配用电的业务服务能力持续提升。输配电运营创新主要表现在创新电网建设运行（降低运行成本）、电网调度控制（提高运行效率）和电力市场交易（提高交易水平）三个方面；配用电服务创新主要体现在智能配电网、智能用电、需求侧响应、综合能源、基础平台五方面业务模式的创新。

4.1 输配电运营模式创新

4.1.1 组织模式

输配电网是连接发电厂、用户之间的能源传输和配置平台。输配电网运营企业的基本职能是以独立第三方身份无歧视地为发电厂与用户提供可靠优质的输配电服务，收取网络使用费、调度服务费、交易服务费等费用，并基于合理的输配电价格机制，引导发电厂商和用户进行有效的资源优化配置。

输配电网运营企业的业务主要有：一是输配电网规划、建设和运营维护，二是电网调度控制，三是组织电力市场交易。这三项功能的承担主体分别是负责输电网规划、建设和运营维护的电网资产拥有者

（输电公司），负责电力系统运行、阻塞管理和辅助服务的调度机构和组织批发市场交易的交易机构，这三个主体之间的关系构成不同的输配电组织模式。输配电企业主要运营业务如图 4-1 所示。

图 4-1　输配电企业主要运营业务

　　世界各国的电力工业结构、发展过程、电力系统现状等有着各自的特点，输配电组织模式也存在较大差异，主要有以下三种模式。

　　(1) 垂直一体化模式。指电网所有者、调度机构和交易机构一体化公司，按照法律要求开放电网。这种模式容易实行，保持了一体化的规模经济性。

　　(2) 独立系统运行机构模式。指调度机构和交易机构一体化（ISO/PX），独立于电网资产拥有者。该模式下电网调度是非营利的独立机构，能够实现电网的公平开放，而且调度和交易机构一体化也便于系统运行与市场运行的协调。但是，由于调度机构与电网所有者相分离，在电网规划和检修安排等方面存在协调上的困难，所以独立系统运行机构还负责对电网规划提出方案建议；另一方面，由于独立系统运行机构是非营利性的，对该机构缺乏经济激励手段。

　　(3) 输电公司模式。指调度机构和电网所有者一体（TSO），交易机构独立。这种模式能够较好地协调电网规划、建设和运行，TSO是营利性公司，也便于对其实行激励性监管，但这种模式需要将电网拥有和经营、调度和交易三项业务在功能上分离，需要完善的激励性监管机制。

　　不论采用哪一种组织模式，合理的输配电价格、良好的服务质量和低廉的运营成本等不仅是保障输配电企业经济效益的根本途径，而且对整个电力市场的良性、健康和可持续发展都起到至关重要的影响，输配电服务的创新主要集中在电网建设运行（降低运行成本）、电网调度控制（提高运行效率）和电力市场交易（提高交易水平）三个方面。

4.1.2 运营创新

为反映 2016－2017 年全球输配电运营领域的创新，选取法国电力集团 EDF、东京电力公司、PJM、CAISO、英国国家电网公司和中国国家电网公司等作为代表，从以上三个方面进行分析。

（一）电网建设运行

2016－2017 年输配电网运营企业在电网建设运行方面的创新动向主要包括：①区域协同创新理念渗透下的跨区域系统运营商联合规划模式创新（PJM）；②适应气候变化、能源消费新模式、分布式能源发展等新形势下的负荷预测模式创新（PJM）；③把握人工智能等热点技术发展机遇对电力需求预测方法的创新；④应对资源短缺、环境污染等问题在电网工程建设、智能化运行等方面的全方位创新（中国国家电网公司）。

PJM 采取与其他区域系统运营商进行联合规划的方式，促进区域系统性能的优化升级。PJM 深入与其他邻近区域输电机构合作，开发和维护燃油安全、燃料组合和气电协调等领域的联合规划系统模型，制定整个系统的最佳方案。如 PJM 与中部地区独立系统运营商合作，改进跨区域规划标准，审查运营市场和规划挑战；PJM 和纽约独立系统运营商制定确保位于两个地区电网服务协议在未来仍保持可靠性和服务性的计划。

PJM 改进负荷预测模型，提高对未来负荷变化的把控，从而提升电网运营水平。负荷预测模型增强了对气候变化、消费者行为、分布式能源发展等变化因素的适应性。随着厄尔尼诺等极端气候现象越来越频繁地出现，PJM 负荷预测模型中使用的历史气候数据的时间跨度变短，以增强短期负荷预测的准确性。随着电动汽车、智能家居等智能用电设备的普及推广，用电负荷数据与用户用电行为之间的关联性越发凸显，负荷模型中也增加了反映消费者行为趋势的数据分析。另外，在分布式能源大力发展推广的背景下，PJM 负荷预测模型中也增加了对太阳能发电量等因素的考量，以更好的预测峰值负荷。

英国国家电网公司采用人工智能技术预测电力需求，优化电力系统运行。英国国家电网公司与谷歌旗下的人工智能实验室 DeepMind 商议❶，下一步将探讨利用人工智能技术，更准确地预测电力需求，解决电力系统的供需矛盾问题，并优化整个电力系统。据预计，通过优化手段可帮助英国节约电量 10%。

中国国家电网公司多措并举，提高供电能力、促进可再生能源发展，为缓解资源紧张、环境污染和碳减排压力做出贡献。国家电网公司累计建成投运"八交七直"特高压工程，使东中部新增受电能力超过 6400 万 kW，在保障电力供应、改善生态环境等方面发挥了重要作用。加快配电网建设，2016 年完成小城镇和中心村电网改造升级工程 3.6 万个，城市供电可靠率达到 99.946%，农村供电可靠率达到 99.782%，供电安全性和可靠性明显提升。大力提升电网智能化水平，建成多端柔性直流等一批具有世界先进水平的智能电网工程。积极支持和服务新能源发展，国家电网公司经营区域新能源并网装机突破 2 亿 kW，风电、太阳能发电装机均居世界第一。积极推进清洁

---

❶ 利用 AI 谷歌旗下公司 DeepMind 计划平衡英国电力供应。http://www.techweb.com.cn/it/2017-03-12/2498542.shtml。

替代和电能替代，加快京津冀重点区域"煤改电"及配套电网改造，促进京津冀大气污染防治。

（二）电网调度控制

2016－2017年输配电网运营企业在电网调度控制方面的创新动向主要包括：①为满足不断增长可再生能源需求，对输配电网、下一代电力系统、集中控制系统等理念的创新（东京电力公司）；②应对分布式能源接入带来的可控可观问题对分布式能源调度模式的创新；③针对常规电网建设、改造和运行中难以解决的潮流控制、供电能力提升等难题的电网潮流智能化灵活控制创新（中国国家电网公司）。

东京电力公司提出发展更加成熟的输配电网、下一代电力系统、集中控制系统等模式，满足可再生能源发展需求。2016年3月，东京电力公司提出建立更加成熟的输电和配电网络，提高输配电能力，以期满足不断增长的可再生能源需求。为获得更高运行效率，东京电力公司大力发展电网集中控制系统。另外，东京电力公司还与系统供应商签署了开发协议，启动了一个全面的系统开发项目，旨在提高生产率和巩固其IT平台。

PJM采用新型调度交互程序改进分布式能源调度机制，提高分布式能源消纳能力。PJM于2016年开始关注商业模式创新需求，并将分布式能源资源纳入考虑。为应对分布式能源接入对电网运营带来的可控可观问题，PJM运用调度交互式地图应用程序（一个地理信息系统，PJM调度员通过各种信息可以形象的评估电网情况，如天气信息、传输线路、变电站、需求侧资源等信息数据），通过其多层次的交互式应用，基于各种情景分析增强对电网的调度控制水平。

中国国家电网公司建设（统一潮流控制器UPFC）工程，提升电网潮流输送能力、优化系统运行水平。2016年11月，国家电网公司重大科技示范工程——江苏 500kV UPFC 项目正式开工❶。其电压等级为 500kV，换流容量为 75 万 kV·A，是世界上电压等级最高、容量最大的 UPFC 工程。UPFC 可使难以控制的电力潮流变得灵活、精准、连续可调，在保持现有网架结构不变、不新建输电通道前提下，能合理控制有功功率、无功功率，实现优化运行。2015 年底投运的南京西环网 220kV UPFC 工程在 2016 年迎峰度夏期间有效缓解了潮流分布不均现象，提升南京主城区供电能力 20 万 kW。

（三）电力市场交易

2016－2017 年输配电网运营企业在电力市场交易方面的创新动向主要包括：①适应天然气发电作用日益显著的气电市场交易流程创新（PJM）；②针对光伏发电快速发展带来的净负荷曲线短时间内迅速爬坡等问题的市场手段创新（CAISO）；③促进能源转型的欧盟二氧化碳排放价格机制、容量机制建设倡议（法国电力集团 EDF 公司）；④促进清洁能源大规模大范围开发消纳的全国统一电力市场建设计划（中国国家电网公司）。

PJM 通过气电日前市场流程创新促进气电协调。随着天然气在发电方面的作用日益显著，PJM 持续专注于燃气行业的协调和沟通，以保障电网可靠性和灵活性。为实施联邦能源监管委员会 809 号要求，2016 年 4 月，PJM 改变了气电日前市场的时间安排，采取缩短处理日前报价、出价和机组所需的时间使市场参与者有更多时间采购第二天天然气供应量。PJM 承诺通过流程及技术的改进和创新，进一步缩短市场清算时间。由于这项工作较为复杂，PJM 正在与软件、硬件供应商进行协作，重组和改进"日前市场"解决方案。

---

❶　世界电压等级最高、容量最大 UPFC 工程在苏州正式启动。http://www.p-e-china.com/neir.asp? newsid＝91993。

CAISO 针对光伏发电大力发展带来的净负荷曲线短时间内迅速爬坡等问题进行了市场模式创新。2016 年 7 月 12 日下午 1 点，加利福尼亚州光伏发电出力 8030MW，打破曾创下的光伏发电纪录[1]。预计到 2020 年，18 时至 19 时系统净负荷曲线将增加近 50%。为解决净负荷曲线短时间内迅速爬升对电力系统与电力市场运行带来的挑战，CAISO 提出了一系列应对措施。如鼓励更灵活、快速出力的电源，以快速填补激增需求；更好地发挥抽水蓄能电站、其他储能方式的作用；设计更加精密的峰谷电价结构〔如分时电价（TOU）和实时电价（RTP）〕，以此鼓励移峰填谷，达到削减需求的目的；设计灵活调节服务等新型电力市场交易品种，通过市场手段调动市场各方对灵活调节设备投资的积极性，对市场中提供灵活调节服务的市场主体提供基于机会成本的回报。

法国电力集团 EDF 公司积极推动电力市场改革，加速实现法国能源转型。EDF 呼吁在欧盟内实施两项关键举措，一是建立二氧化碳排放价格机制，至少为 30～40 英镑/t（折合 33～44 美元/t），以鼓励非化石燃料发电设施投资；二是实施有效的容量机制，确保欧洲大陆持久的能源供应，以保障用户利益的最大化。

中国国家电网公司加快建设全国统一电力市场，促进清洁能源大规模大范围开发消纳。2017 年 1 月，国家电网公司正式出台《国家电网公司关于全面深化改革的意见》[2]，提出要加快建设全国统一电力市场，进一步促进清洁能源大规模大范围开发消纳。国家电网公司

---

[1] 美国加利福尼亚州光伏发电创纪录。http：//blog. sina. com. cn/s/blog _ 451550e70102wig3. html。

[2] 国家电网：探索清洁能源大规模发展路径。http：//news. bjx. com. cn /html/ 20170119/804663. shtml。

逐步完善中长期和现货交易市场体系，以"三北"新能源、四川水电跨省区外送现货市场试点工作为契机，逐步建立清洁能源参与的现货市场。同时，国家电网公司还将搭建清洁能源参与的跨区跨省资源优化配置平台，通过市场机制，推动打破省间壁垒，促进新能源在更大范围内消纳。

4.2 配用电服务模式创新

4.2.1 业务模式

配用电服务近些年日益成为行业关注的重点，一方面是由于电力用户对用电系统经济性、可靠性、环保性的要求不断提高，对配用电系统提出了更高的要求；另一方面分布式发电、储能、电动汽车等系统接入后，改变了配电网的物理结构，配用电环节的调控手段更加丰富，运行方式更加多样，给配用电服务模式提供了更多可行的方案选择。配用电业务模式分类如图 4-2 所示。

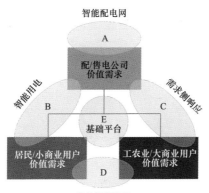

图 4-2　配用电业务模式分类

配用电服务主要是配/售电公司给用户客户提供的相关服务。按照用电规模的大小可以大致将用电客户分成两类：居民/小型商业/用户和工农业/大型商业用户。配用电服务各个参与方的价值需求相互有重叠的部分，可以据此将配用电服务分成以下五个业务类型。

（1）智能配电网业务。**主要**满足配/售电公司自身的价值需求。

（2）智能用电业务。**主要**满足配/售电公司和居民/小型商业用户的价值需求。

（3）需求侧响应业务。**主要**满足配/售电公司和工农业/大型商业用户的价值需求。

（4）综合能源业务。**主要**满足各类用能客户的能源价值需求。

（5）基础平台。满足所有参与方的价值需求，是配用电服务的基础。

表 4-1 列出了五类配用电业务模式细分情况。

表 4-1　　　　五类配用电业务模式细分

序号	业务类型	业　务　内　容
1	智能配电网	配电自动化、配电网资产管理、电网侧储能系统等
2	智能用电	小型分布式发电、智能电表、智能家居、家用储能系统、电动汽车、电能替代等
3	需求侧响应	虚拟电厂、需求侧响应、需求侧管理、电动汽车有序充电等
4	综合能源	多元能源供应、微能源网、多表集抄、多网融合等
5	基础平台	能源大数据平台、云平台等

4.2.2 服务创新

为反映 2016—2017 年**全球**配用电服务领域的创新，选取**传统电力企业**（法国电力集团 EDF、东京电力公司、中国国家电网公司等），**综合能源服务商**（STEM、AutoGrid、EnerNoc、协鑫等），**跨界企业**（特斯拉、ABB、华为、阿里等）三类企业为代表，从以上五个方面进行分析。配用电服务企业服务模式创新分类如图 4-3

所示。

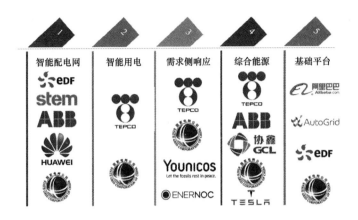

图 4-3 配用电服务企业服务模式创新分类

（一）智能配电网

2016－2017 年配用电服务企业在智能配电网方面的创新动向主要包括：①随着储能技术快速发展和市场日益成熟，以建设储能项目为手段提升配电网运行灵活性和安全性（法国 EDF、Stem）；②把握物联网等技术的发展契机，推动配电网的数字化转型（ABB、华为）；③以智能电表为依托，提升配电网运维管理水平（国网澳洲资产公司）。

法国 EDF 与比亚迪签署战略合作协议，布局储能商业运营领域。2015 年 3 月，EDF 美国分公司 EDF Renewable Energy 向比亚迪购买 20MW 的储能产品，在美国伊利诺伊州麦克亨利县开发一个大型储能项目❶。该项目是 EDF 在北美地区首个商业化运营储能项目。2016 年 6 月，EDF 与比亚迪签署战略合作协议，建立国际战略合作伙伴关系，目的是进一步促进清洁、可再生能源在法国、美国乃至全

---

❶ 比亚迪携手法国电力：全球新能源业务再升级。http：//www. askci. com/news/dxf/20160705/10404137898. shtml。

世界的发展。

Stem公司提供用户侧光伏和储能综合方案，提升配用电侧智能化水平。2017年4月，Stem公司计划开发德克萨斯州运营的客户定制储能项目，将太阳能和储能项目组合的电力成本降至0.14美元／（kW·h）以下。Stem软件驱动的能源存储将通过降低企业的高峰需求，并提供实时能源管理和可视化工具来降低能源成本。2017年6月，Stem与Austin Energy联合在德克萨斯州开展能源储存计划❶。Stem负责为Austin Energy的商用客户安装太阳能系统，并集成储存系统、云端能源管理与分析软件，可根据天气预测、消费者能源使用模式等信息，让消费者了解其能源使用情况、用能高峰时段。该能源储存计划一是可协助Austin Energy满足高峰电力供应，二是让消费者减少高峰用电，进而节省用能成本。

ABB助力配电网业务向"物联网＋"转型发展。2016年10月，ABB提出了针对其电网事业部的POWER UP（电力崛起）计划❷，加强变压器、高压产品、电网自动化等项目的研发和技术储备，继续向数字化方向转型，运用丰富的行业经验和独特的数字化解决方案，为客户提供真正的差异化服务。未来的重点发展方向是全面构建"物联网＋"新生态系统。

华为推出能源物联网解决方案。华为基于全连接电网的智能电网ICT平台架构，实现"源—网—荷—储"的协同及能量流与信息流双向流动特性的大能源互连圈。2017年4月，华为发布FusionHome

---

❶ Austin Energy携手Stem推能源储存计划。http：//gb - www. digitimes. com. tw/iot/article. asp？cat＝158&id＝0000504557＿SJI4HHHR6LTYD16UY71KV。

❷ ABB：开启价值创造新征程。http：//www. abb. cn/cawp/seitp202/93059afad27bc125c1258045002804a8. aspx。

智能能源解决方案❶，以家庭用户为体验中心，实现了能源管理可视化、能源使用场景化、能源管理简单精细化。在智慧城市领域，华为推出"一云二网三平台"的智慧城市解决方案架构，成功应用在全球40多个国家的100多座城市。华为主导的NB‐IoT技术作为全球首个被众多运营商采纳的低功耗广域网方案，连通eLTE‐IoT接入解决方案，可满足各类场景中对于低功耗广域网的接入需求。

国网澳洲资产公司充分运用智能电表提升配电网运维管理水平。国网澳洲资产公司（SGSPAA）（中国国家电网公司控股公司）下属配电运营公司JEN于2014年完成澳大利亚墨尔本西北地区950km²全区域内智能电表安装，近两年在智能电表非计量功能方面开展了大量研究和运用。一方面利用配电网数学模型，对智能电表采集的海量信息进行大数据分析，反推获得配电网运行参数和运行状态，并与配电网管理、地理信息等系统结合，全面指导配电网运行、维护、抢修、技改、规划等工作。另一方面，以智能电表为依托，开发新能源服务功能和负控功能，致力于成为用户能源解决方案提供商，以较低的后续投入，实现更大的社会和经济效益。

（二）智能用电

2016－2017年配用电服务企业在智能用电方面的创新动向主要包括：①满足用户用电需求多元化趋势的电费计划创新（东京电力公司）；②把握物联网、移动互联网等技术发展契机，创新用户用电管理、移动报修等服务（东京电力公司、中国国家电网公司）；③满足电动汽车快速发展带来的智能管控、增值服务需求的智慧车联网平台服务模式创新（中国国家电网公司）。

---

❶　华为发布 FusionHome 智能能源解决方案 5 大亮点全揭晓。http：//guang-fu. bjx. com. cn/news/20170420/821390. shtml。

东京电力公司提出新电费计划，满足不同生活方式、不同类型客户需求。2016 年 1 月，东京电力公司公布了八个新的电费计划，旨在满足不同生活方式和客户的需求、实现差别化服务，其中包括针对大用户量身打造的卓越计划，针对黏性用户推出的忠诚度回报积分制度，针对合作企业提供的产品和服务折扣等。积分制是根据用户电费消费额、服务申请渠道奖励积分数量，新增和取消服务也有对应的积分或礼品卡的赏罚制度。

东京电力公司利用物联网技术为日本家庭提供服务。2016 年 8 月，东京电力公司与索尼公司签订合作备忘录，将利用物联网技术为日本家庭提供服务，其中包括高效利用电能，远程探测独居老人的身体健康状况等。针对独居老人身体状况，索尼公司将提供数据通信技术，使客户能够利用手机远程或在家控制家电，如空调、灯等电器的开关及运行状态。东京电力公司则希望通过与更贴近用户的索尼公司合作，获得更多电力用户。

中国国家电网公司试点推出互联网化移动报修服务。2016 年，**国家电网公司在北京地区试点上线移动报修服务**，打造客户线上移动化、可视化抢修业务服务新模式，实现移动报修快速定位，报修信息可视化，客户与抢修人员直联互动，抢修进程实时展现。

中国国家电网公司打造智慧车联网平台。2016 年 10 月，智慧车联网平台 3.0 上线，运营监控中心投运，建成全国一省一地市一站一桩五级实时监控体系，实现充电运营、运维检修、客户服务的 7×24h 实时监控，实时判断故障紧急程度，动态安排运维检修，充电设备综合可用率超过 99%，有效提升运行效率和安全。在客户服务方面，以互动网站和手机客户端为交互途径，实现充电桩位置服务、实时状态查询、设施导航、统一支付卡、无卡充电，提高充电设施使用效率和用户体验；在运营管理方面，将用户、营业厅、客户服务中心、省公司运维检修单位紧密联系在一起，实现营业厅售卡、电话客服、充电设施监控、现场运维检修等全业务流程的自动化贯通和实时管控。

（三）需求侧响应

2016－2017 年配用电服务企业在需求侧响应方面的创新动向主要包括： ①以电费优惠、电费抵扣、电费红包等方式激励用户参与需求侧响应（东京电力公司、中国国家电网公司）；②以快速调频储能、虚拟电厂等模式提升电网调节能力（东京电力公司、Younicos）；③以业务重组等组织管理创新提升企业需求响应能力和规模（Ener-NOC）。

东京电力公司制定电费优惠条款促进用户低谷用电。 2016 年 2 月，为减少峰谷负荷差，提高设备利用效率，东京电力公司提供许多优惠条款鼓励用户在低谷时段用电。如居民用户可与东京电力公司签订合同，提高白天时段电费标准、降低夜间时段电费标准，如此可降低主要在夜间用电居民每月的电费支出。同时，增加电费菜单数量，通过开展节能服务进一步控制高峰负荷需求，降低销售电价水平。

中国国家电网公司大力促进需求侧响应。 2016 年 7 月 26 日，国家电网公司在江苏省实施了首次全省范围的电力需求响应，参与用户达到 3154 户，实际减少负荷 352 万 kW，单次规模世界第一。国网江苏省电力有限公司通过网站、APP、短信和电话 4 种方式向企业用户发送邀约，并与用户实现双向互动，对于参与实时响应的企业用户，由国网江苏省电力有限公司或负荷集成商依据事先签订的协议，通过短时调节用户空调用电降荷。

东京电力公司探索虚拟电厂模式。 2016 年 7 月，东京电力公司与东芝公司签订合约，在日本横滨市推广多分组储能电池控制示范项目，作为日后提供电池服务业务的基础。大地震之后，一方面为了改变原先集中式供能的僵化体系，另一方面为了应对新能源激增对电网系统安全造成的冲击，日本经济贸易工业省（METI）开始推广建设虚拟电厂。在横滨的示范项目中，东京电力公司将用东芝公司开发的储能电池组控制系统在日常使用时段调节电力供应，而储存下来的电将为遭遇自然灾害等紧急情况下的横滨提供电能。该示范项目将为寻找更加低廉的储能电池系统，以及虚拟电厂和分布式供能的实际应用探路。

Younicos 在英国建造全世界最大的电池储能系统。2016 年 12 月，英国能源服务公司 Centrica 挑选能源存储提供商 Younicos 设计，并提供世界上最大和最先进的基于电池的能量存储系统❶。该电池厂容量为 49MW，位于英国坎布里亚的 Barrow - in - Furness，由之前的 Roosecote 煤炭和燃气发电站改造而成，该电池厂的锂离子电池系统对于电网需求波动的响应时间在 1s 之内。

EnerNOC 通过业务重组专注于需求侧响应核心业务。2016 年第二季度，EnerNOC 扩大了与密歇根州最大公用事业公司消费者能源的需求响应合同，这将是由 EnerNOC 技术支撑的需求响应组合首次参与中西部独立系统运营商（MISO）市场。第三季度，EnerNOC 完成公用事业客户参与软件平台的销售，专注于提供需求响应核心业务并扩大其企业软件平台。第四季度，EnerNOC 和布鲁克菲尔德（Brookfield）全球综合解决方案（BGIS）发起战略伙伴关系，为北美的多站点客户提供集成的能源管理和设施优化解决方案。

（四）综合能源

2016—2017 年配用电服务企业在综合能源方面的创新动向主要包括：①满足用户热、电、气等多元化用能需求的综合能源供应服务

---

❶ Younicos 在英国建造 49MW 电池储能系统。http：//solar. ofweek. com/2016 - 12/ART - 260006 - 8460 - 30080633. html。

创新（东京电力公司、ABB、协鑫）；②以电和其他商品捆绑销售、多表费用集抄方式创新综合能源营销服务（东京电力公司、中国国家电网公司）；③跨界企业通过产业链延伸转型垂直一体化能源公司，创新全程一体综合能源服务（特斯拉）。

东京电力公司提供电力和燃气的一站式服务。福岛核事故后，日本供电形势发生重大变化，2016 年 2 月，东京电力公司综合考虑客户和社会期待，积极与其他公司联合为日本用户提供电能和服务，提供电力和燃气的一站式服务，提高能源利用效率、完善能源服务。着眼于 2016 年 4 月公用事业零售市场全面开放，东京电力公司将通过直接营销扩大天然气销售，开发包括天然气和电力在内的捆绑服务。东京电力公司将加强引进的服务阵容，包括安装、运营和维修能源相关的设备及提供一些综合性的能源解决方案。

ABB 推出可扩展的模块化"即插即用型"微电网解决方案。ABB 于 2016 年 10 月推出可扩展的模块化"即插即用型"微电网解决方案，以满足全球快速发展的分布式发电市场对技术灵活性的需求❶。2016 年，ABB 为南非 Longmeadow 工业园区提供了微电网解决方案，不仅将光伏能源的利用最大化，并且令这个拥有 1000 多名员工的园区享受不间断的电力供应。在利用新能源及微电网并网方面，ABB 可以为客户提供从咨询到安装维护等覆盖微电网全生命周期的解决方案。

协鑫建设投运"六位一体"分布式微能源网。2015 年 3 月，国内首个"六位一体"能源互联网项目——苏州协鑫能源中心正式投

---

❶ ABB 推出"即插即用型"微电网解决方案 推动可再生能源利用。http：//www.sohu.com/a/116961006_131990。

运，2017年2月，该项目成功通过黑启动测试❶。协鑫"六位一体"分布式微能源网中除强项光伏外，还综合应用天然气冷热电联产、风能、低位热能、LED、储能系统等，一次能源经过各种转换组合，为用户提供照明、电机、电器、空调、采暖、生活热水、蒸汽等各种终端能源需求。

东京电力公司以合作联盟方式促进电力综合营销服务。为提高销售能力和产品竞争力，东京电力公司与手机运营商、网络音乐经销商、天然气公司和住宅建设者等领域约40家公司建立联盟，利用合伙人的客户关系进行全国电力零售营销，为合作人的客户制定电费计划，并开展电力与其他商品的销售捆绑服务。如与软银集团的合作模式为将电费与手机销售捆绑在一起，同时申请新电费计划和新手机的客户将获得月度折扣；与有线音乐分发商Usen集团的合作营销方案更为详尽，新申请有线音乐广播服务的客户将获得最高10％的月度折扣，同时获得"两年内商业包折扣"，另外，如果申请有线提供的其他服务，将获得最高30％的月度服务折扣；与Kawashima Propane的合作则是电、气、水"三位一体"，为每位申请新电费计划的客户提供燃气和水费折扣。

中国国家电网公司提供一站式交费服务，依托"多表合一"助力智慧城市建设。国家电网公司加强与相关行业企业的交流合作，启动电、水、气、热"多表合一"信息采集建设。截至2016年底，已累计接入用户163万户。依托国家电网公司既有的智能服务网络，全面实现多业务远程抄表、联合受理，为客户提供一站式交费服务，提升社会公共服务水平，减少公共事业单位基础设施的重复投资建设。

---

❶　国内首个"六位一体"能源互联网项目正式投运。http：// news. bjx. com. cn/ html/20150325/601683. shtml。

特斯拉向清洁能源一站式提供商转型。2016 年 8 月，特斯拉与美国主要太阳能企业太阳城公司达成 26 亿美元的并购协议，旨在打造"全球唯一的垂直一体化能源公司"❶。这项交易将加速特斯拉从电动汽车制造商向一体化可再生能源公司的转变。特斯拉与太阳城公司的整合，将改变能源生产、存储和消费模式，其最终目标是打造全球唯一的垂直一体化能源公司，产品覆盖太阳能面板、家用蓄电池和电动车等。利用太阳城公司的安装网络和特斯拉的全球零售足迹，可以为顾客提供全程一体的服务。

（五）基础平台

2016—2017 年配用电服务企业在基础平台方面的创新动向主要包括电力云平台的建设（阿里）、能源数据平台搭建及管理体系建设（AutoGrid、法国 EDF）、电力生产、管理及服务一体化云平台建设（中国国家电网公司）。

阿里巴巴大力推进电力云平台建设。2016 年 5 月，包括分布式光伏云、电动汽车云、新能源路灯云、节能服务云、智慧电务云、政府公共服务平台的阿里能源云上线，为能源行业提供云计算、大数据支持❷。此前，阿里于 **2016** 年 1 月与国网浙江省电力公司签署战略合作协议，深入"互联网＋电力"合作，双方将重点研究大数据、云计算、物联网和移动互联等技术在电网新业务和能源生产、能源输配、能源消费及新技术支撑等方面的应用❸。

AutoGrid 搭建能源数据平台。AutoGrid 的核心业务为能源数据

---

❶ 特斯拉宣布 26 亿美元并购美国太阳能企业。http：//news. xinhuanet. com/2016 - 08/02/c _ 1119322491. htm。

❷ 阿里能源云。http：//www. sohu. com/a/114744660 _ 314909。

❸ 国网浙江省电力公司携手阿里巴巴深入推进"互联网＋电力"合作。http：//www. sgcc. com. cn/xwzx/gsxw/2016/01/331732. shtml。

云平台 EDP，可为公共事业单位提供预测数周或分秒的电量消耗；为大型工业电力用户优化生产计划；为电力供应商的可再生资源并网提供支撑。基于 EDP 和 DROMS（需求响应管理工具），AutoGrid 可以为客户提供大规模、动态、不间断、供能范围内的整体能耗图景，公共事业公司可实时"看"到本地区的能耗，以更好地进行电力控制。

法国 EDF 的电力大数据管理获得国际认证。2016 年 2 月，AFNOR 认证中心为法国 EDF 颁布了 AFAQ 50001 能源管理体系标准认证书，以表彰其数据中心在能源管理方面所取得的成绩。在当今数码科技飞速发展的时代背景下，这也是 AFNOR 认证中心颁出的第一份能源管理体系标准认证书。EDF 以用户用电负荷曲线的海量存储和处理为突破口，利用大数据技术，形成了能够支撑在规定延迟内的复杂、并行处理能力，借助分析型研究成果对客户服务方法实现本地化，通过为客户提供更好的商业信息来实现地区服务自治，提高法国电力在商业运作上的灵活性。

中国国家电网公司一体化"国网云"平台上线运行。2017 年 4 月，"国网云"平台上线运行❶。"国网云"包括企业管理云、公共服务云和生产控制云，由一体化"国网云"平台及其支撑的各类业务应用组成。企业管理云是覆盖管理大区的资源及服务，支撑企业管理、分析决策、综合管理类业务；公共服务云是覆盖外网区域的资源及服务，支撑电力营销、客户服务、电子商务等业务；生产控制云是覆盖生产大区的资源及服务，支撑调控运行及其管理业务。三朵云所依托的云平台能实现设施、数据、服务、应用等 IT 资源的一体化管理，

---

❶ "国网云"正式发布 一体化"国网云"平台同时上线。http：// www. sgcc. com. cn/ xwzx/gsyw/2017/04/339415. shtml。

进一步提升信息存储、传输、集成、共享等服务水平，有力促进业务集成融合，缩短应用上线周期，快速响应业务变化，显著提升用户体验，增强系统运行可靠性。

4.3 小结

输配电运营创新主要表现在**电网建设运行、电网调度控制和电力市场交易**模式三方面；配用电服务创新主要表现在**智能配电网、智能用电、需求侧响应、综合能源、基础平台**五方面业务模式的创新。

2016－2017年输配电运营企业在电网建设运行方面的创新动向主要包括：①区域协同创新理念渗透下的跨区域系统运营商联合规划模式创新；②适应气候变化、能源消费新模式、分布式能源发展等新形势下的负荷预测模式创新；③把握人工智能等热点技术发展机遇对电力需求预测方法的创新；④应对资源短缺、环境污染等问题在电网工程建设、智能化运行等方面的全方位创新。**在电网调度控制方面的创新动向主要包括**：①为满足不断增长可再生能源需求，对输配电网、下一代电力系统、集中控制系统等理念的创新；②应对分布式能源接入带来的可控可观问题对分布式能源调度模式的创新；③针对常规电网建设、改造和运行中难以解决的潮流控制、供电能力提升等难题的电网潮流智能化灵活控制创新。**在电力市场交易方面的创新动向主要包括**：①适应天然气发电作用日益显著的气电市场交易流程创新；②针对光伏发电快速发展带来的净负荷曲线短时间内迅速爬坡等问题的市场手段创新；③促进能源转型的欧盟二氧化碳排放价格机制、容量机制建设倡议；④促进清洁能源大规模大范围开发消纳的全国统一电力市场建设计划。

2016－2017年配用电服务企业在智能配电网方面的创新动向主要包括：①随着储能技术快速发展和市场日益成熟，**以建设储能项目**

为手段提升配电网运行灵活性和安全性；②把握物联网等技术的发展契机，推动配电网的数字化转型；③以智能电表为依托，提升配电网运维管理水平。**在智能用电方面的创新动向主要包括：**①满足用户用电需求多元化趋势的电费计划创新（东京电力公司）；②把握物联网、移动互联网等技术发展契机，创新用户用电管理、移动报修等服务；③满足电动汽车快速发展带来的智能管控、增值服务需求的智慧车联网平台服务模式创新。**在需求侧响应方面的创新动向主要包括：**①以电费优惠、电费抵扣、电费红包等方式激励用户参与需求侧响应；②以快速调频储能、虚拟电厂等模式提升电网调节能力；③以业务重组等组织管理创新提升企业需求响应能力和规模。**在综合能源方面的创新动向主要包括：**①满足用户热、电、气等多元化用能需求的综合能源供应服务创新；②以电和其他商品捆绑销售、多表费用集抄方式创新综合能源营销服务；③跨界企业通过产业链延伸转型垂直一体化能源公司，创新全程一体综合能源服务。**在基础平台方面的创新动向主要包括**电力云平台的建设，能源数据平台搭建及管理体系建设，电力生产、管理及服务一体化云平台建设。

5

电 网 技 术 创 新

为促进高比例可再生能源并网及消纳，各国持续推进电网技术创新。本章主要梳理 2016 年各国在电网互联、高比例可再生能源消纳和电网智能化等方面，相关技术和装备的研究进展和应用情况。

5.1 电网互联技术

特高压交直流输电、柔性直流输电和交直流混联电网协同控制等为代表的电网技术，是实现大规模可再生能源并网、输送和消纳的基础，是当前国际能源电力领域的研究热点。此外，统一潮流控制器技术、无线输电技术、管道输电技术等新型输电技术装备也取得新进展。

5.1.1 特高压交直流输电技术

中国成功研制了世界电压等级最高的换流阀样机。由全球能源互联网研究院承担的"±1100kV 直流换流阀研制"项目取得了突破性成果，成功研制了世界首套±1100kV/5500A 换流阀样机，开发了具有自主知识产权的换流阀系统集成体系，在国际上率先完成了±1100kV 特高压直流换流阀全套试验，形成完整的工程解决方案，有力支撑了中国±1100kV 特高压直流输电工程建设。图 5-1 所示为±1100kV/5500A 特高压直流换流阀。

国内首台容量最大网侧电压等级最高的变压器研制成功。2017

图 5-1 ±1100kV/5500A 特高压直流换流阀

年 2 月，中国西电为锡林郭勒盟—泰州±800kV 特高压直流工程研制的国内首台容量最大、网侧电压等级最高的特高压换流变压器顺利通过出厂试验。将±800kV 直流输电容量从 800 万 kW 大幅提升到 1000 万 kW，网侧电压等级从 750kV 提高到了 1000kV，这标志着±800kV特高压直流工程线路和 1000kV 特高压交流工程线路可以实现直接联网。

5.1.2 柔性直流输电技术

2016 年，中国自主研发的±200kV 直流断路器、±500kV 直流换流阀等直流输电技术和装备获得突破和应用。 由全球能源互联网研究院自主研发的±200kV 高压直流断路器通过 15.6kA/3ms 短路电流分断、5kA 短时电流耐受等全部型式试验，在舟山柔直工程中实现应用；南京南瑞继保电气有限公司成功研制世界上电压等级最高、开断电流最大的 500kV 直流断路器，并通过 KEMA 试验（额定电压 500kV，开断电流 25kA，动作时间小于 3ms），成功解决直流短路电流开断的百年难题，为推动直流从"点"到"网"的跨越奠定基础。

图 5-2 为±200kV 高压直流断路器，图 5-3 为±200kV 高压直流断路器型式试验现场。

图 5-2　±200kV 高压直流断路器

图 5-3　±200kV 高压直流断路器型式试验现场

5.1.3　交直流混联电网协同控制技术

随着特高压交直流建设的高速发展，中国已初步形成了交直流混联的大电网，但是由于电源侧调节能力不足，用电侧不确定性等因素增加，交直流相互影响加剧，容易造成连锁故障，使得电网安全形势日益严峻，运行控制面临巨大挑战，在此条件下需要增强电力系统的可观性和可控性，提高数模混合平台的仿真规模和精度，综合提升电网安全防线正确决策水平和适应能力，以确保交直流混联电网安全可靠运行。

2016年，国家电网公司对特高压交直流混联电网的系统保护进行了重点研究，取得了以下成果。一是明确了特高压交直流混联电网系统保护的关键技术、功能定位，制定了系统保护总体设计方案与里程碑计划，为系统保护升级提供了依据。二是开展了分区电网系统保护差异化设计。全面梳理和识别华北、华东、华中、西北、东北和西南6个分区交直流混联电网稳定威胁主导形态，以总体方案为基础，提出适应差异化稳定控制需求的各分区电网系统保护设计方案，为系统保护建设实施提供了有序执行计划。

5.1.4 统一潮流控制器技术

由于电网潮流自然流动，某些区域用电负荷激增容易造成相应线路超负荷运转，相当于某些路段极其拥堵，而另一些路段相对通畅。UPFC就是通过为输电通道加装智能控制装置，有选择性地控制电能通行，以此实现对电网潮流的灵活、精准控制，在现有网架基础上改善潮流分布，保障电网安全运行。

中国在世界范围内首次开展500kV电网潮流灵活精准控制的探索。2016年8月，江苏苏州南部电网500kV统一潮流控制器（UPFC）示范工程（简称"苏南500kV UPFC工程"）开工建设，计划于2017年底投运。苏南500kV UPFC工程是世界上电压等级最高、容量最大的UPFC工程，将在世界范围内首次实现500kV电网潮流的灵活、精准控制，并使苏州电网消纳清洁能源的能力提升约1200MW。工程站址位于500kV木渎变电站北侧，换流器容量为3×250MV·A，其中2组为串联换流器、1组为并联换流器，同时安装3组300MV·A变压器。图5-4为该工程效果图。

苏南500kV UPFC工程投运后，对苏州地区电网的安全稳定运行

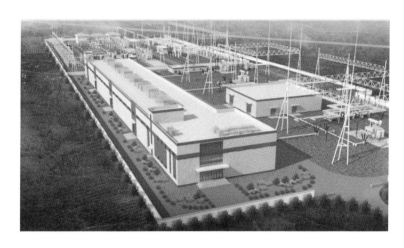

图 5 - 4 苏南 500kV UPFC 工程效果图

意义重大。能够有效解决锦苏直流特高压工程送端枯水期 500kV 梅里—木渎双线单线故障引发双线跳闸问题，导致大面积停电问题，大幅减少锦苏直流特高压工程送端丰水期双极闭锁后苏州南部电网的拉限负荷量，进一步提升 500kV 电网输电能力和安全稳定运行水平，提高省级电网对特高压直流电网的承接能力和支撑作用。

5.1.5 无线输电技术

无线输电作为一种新型的电能传输技术，已越来越受到各国重视。无线输电与送电网络没有电的直接连接，具有灵活、安全、可靠等优点，克服了传统的有线输电模式下多点接触的不可靠性、电气设备移动的局限性及安全性问题。

目前无线输电技术主要包括感应耦合、磁共振耦合、电场耦合和激光/微波四种。感应耦合传输功率小，适合短距离，目前主要应用于小家电的无线充电，激光/微波的功率最大，可超过 1MW，适合远距离传输。

无线输电技术输电距离突破 1km。2015 年，日本三菱重工成功实验无线输电，将 10kW 电力转换成微波后输送，点亮了 500m 外

LED灯，引起业内关注。2016年10月，俄罗斯火箭宇航"能源"公司的科研人员，在1.5km的距离上利用激光束成功实现了为手机无线充电，在远距离无线输电技术上又向前迈进一步。该技术将首先应用于航天领域，实现在太空中为各类航天器进行无线充电。

5.1.6 管道输电技术

国际上管道输电系统产品正处于二代技术向三代技术过渡的阶段。管道输电系统（GIL）从研制到投运有已40多年，电压等级为72.5～1200kV，累计超过300km。第一代产品是早期采用纯SF_6气体绝缘产品，结构类似GIS母线；第二代产品的特点是部件标准化、模块化设计，并能适应任何复杂地貌和环境架设要求，同时采用N_2/SF_6等混合气体以达到环境保护效果；第三代产品将完全取消SF_6气体以实现零温室气体排放。

从应用场景来看，GIL特别适用于发电厂或变电站的大容量出线和联络线，以及输电走廊紧张的城市负荷中心、气候环境恶劣地区的输电线路跨越。**从技术方向来看**，替代或是降低SF_6气体的应用是大势所趋，突破直流超高压和特高压GIL的关键技术将是重点方向。

国际首条特高压交流GIL试验线段通过型式和现场交接试验。2016年6月4日，世界首条基于环保的特高压交流气体绝缘输电线路（GIL）试验线段（1000kV/6300A、63kA/3s）通过型式和现场交接试验，该项目为淮南—南京—上海1000kV特高压交流输变电工程中苏通GIL管廊工程设备的结构设计、安装、试验和长期可靠运行提供了技术支撑。苏通GIL管廊工程是目前世界上电压等级最高、输送容量最大、技术水平最先进的超长距离GIL工程，采用隧道（5.5km）中铺设GIL方式过江。图5-5为特高压交流GIL试验线段。

图 5-5 特高压交流 GIL 试验线段

5.2 可再生能源发电及并网消纳技术

2016 年，可再生能源发电及并网领域取得多项技术进展，主要包括太阳能电池材料、新能源虚拟同步发电技术等方面。

5.2.1 太阳能电池材料

太阳能发电技术是可再生能源发电领域研究的热点。目前单晶硅太阳能电池的效率约 18%～20%，最高可达 25%；多晶硅效率在 16%～17%，最高可达 20%；薄膜太阳能电池效率最高达 22.3%。2016 年，美国、日本等主要高校和研究机构，在太阳能发电材料上继续取得突破，使得太阳能发电效率逐步提升、发电成本不断下降。

日本研究团队将太阳能电池转化效率的最高纪录再次提升 1 个百分点，并可实现商业化应用。由日本政府项目资助的日本化学企业 Kaneka 集团的研究团队开发出了"可工业化应用"的太阳能电池。该太阳能电池的光能转化率达到 26.6%，打破了之前 25.6%的纪录。该太阳能电池是采用了高质量的半导体异质结构薄膜，将硅分层堆积在电池内，使电子态无法存在的能隙降至最低，从而提升了光能转化效率。

美国麻省理工学院研究团队研发出太阳能热光伏器件新材料，有望突破传统太阳能电池效率约 30%的理论上限。2016 年，麻省理工学院研究人员提出一种太阳能热光伏器件的开发技术，该技术通过添加一个由碳纳米管和纳米光子晶体组成的中间部件，可在整个色谱上捕获能量，包括在不可见的紫外和红外波段，将其全部转换成热能。据资料分析，该技术能够突破传统太阳能电池效率约 30% 的理论上限。

5.2.2 新能源虚拟同步发电技术

张北风光储输基地启动虚拟同步发电机示范工程。与传统火电相比，新能源发电具有随机性大、波动大等特征，对电网安全运行带来新挑战。2016 年，中国首次提出新能源虚拟同步发电机控制方法，使风光电站整体具备接近火电机组的输出外特性，并在张北风光储输基地进行了实地应用。该技术原理是基于虚拟同步机技术，主要包括风机虚拟同步发电机、光伏虚拟同步发电机、电站式虚拟同步发电机三类，通过三类技术联合作用，使风光发电站的整体输出外特性接近火电机组。2016 年底，建成投运光伏虚拟同步发电机 24 台，共 12MW；风机虚拟同步发电机 5 台，共 10MW，计划 2017 年全部建成。

风机虚拟同步发电机基于虚拟同步机技术，研制并应用新型风机逆变器变流器控制系统，利用风机叶轮转动惯量提供调频所需能量，使风机具备惯性阻尼、一次调频及调压能力。与常规风机相比，仅需对控制软件进行升级，将风机传统逆变器升级为虚拟同步逆变器。目前已改造 173 台风机，共 435.5MW，占风光储基地风电装机容量的97.5%。风机虚拟同步发电机方案示意如图 5-6 所示。

光伏虚拟同步发电机基于虚拟同步机技术，研制并应用新型光伏逆变器控制系统，在直流侧配置电池储能单元以提供调频所需能量，使光伏系统具备惯性阻尼、一次调频及调压功能。与常规光伏相比，需要将传统逆变器升级为虚拟同步逆变器，并增加电池储能单元。目前已改造 24 台光伏逆变器，共 12MW，占风光储基地光伏总容量12%。光伏虚拟同步发电机方案示意如图 5-7 所示。

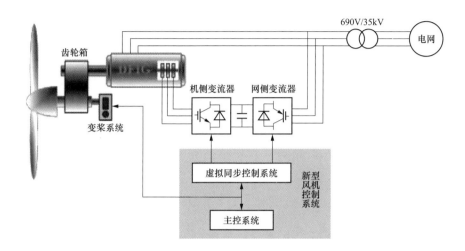

图 5-6 风机虚拟同步发电机方案示意

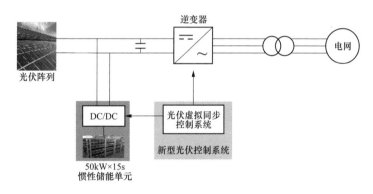

图 5-7 光伏虚拟同步发电机方案示意

电站式虚拟同步发电机由虚拟同步逆变器及电池储能单元组成,安装在新能源电站的并网点,提升整站同步外特性。针对未能改造的100MW 新能源装机,按照 10％惯性容量配置,新建 2 台电站式虚拟同步发电机,共 10MW。

2016 年 7 月,在张北风光储基地对虚拟同步发电机样机开展现场摸底试验,试验结果表明,风机、光伏通过虚拟同步发电机接入电网,具备一次调频、惯量调频能力,能够对电力系统稳定起到支撑作用,提升新能源并网友好性。

5.2.3 主动配电网技术

由于分布式能源的大量接入，配电网产生了功率倒送、弃风弃光等现象，为电网稳定运行带来很大影响，同时降低了新能源的效益与价值。主动配电网是为解决分布式能源接入配电网问题而提出的方案，利用先进的电力电子技术、通信和自动控制技术，具有协调控制各种类型分布式能源的能力。它可实现配电网系统中双向潮流的控制，使新能源所发电量得到高效的利用，从根本上解决大量分布式能源接入配电网的问题。

主动配电网由分布式电源、各类负荷及大量监控装置等构成，通常包含光伏、风电等可再生能源的发电装置，以及为有效平抑间歇式能源的出力波动而配置的储能设备。对比传统配电网，主动配电网是可控的，在实时获取全网运行状态的情况下，综合利用各种可控电源（如储能设备）、灵活的网络结构（开关）及电压调节设备（如无功补偿装置），通过主站管理系统的控制调度实现配电网正常工况下的电网安全稳定经济运行和故障情况下的隔离恢复。同时能够结合用户侧需求分析，综合优化计算给出最优的运行方式。**国内外针对主动配电网技术实施了一系列典型示范工程，以实践和应用来检验理论。**

从国外看，美国、澳大利亚、欧盟、日本等均对主动配电网展开了研究并构建诸多示范工程。就欧盟而言，已开展了诸如ADINE、GRID4EU、ADDERSS等具有不同侧重点与特色的主动配电网示范工程。ADINE示范工程由欧盟FP6主导，主要研究了能够满足更高分布式电源渗透率配电网所需的一系列关键技术，并联合试验了诸如反孤岛、保护定值自适应整定、电压控制、电能质量控制等策略。GRID4EU项目由6家配电网运营商共同参与，围绕智能配电网规划、运行、控制等关键技术展开研究，耗资达5000万欧元，同时研究相关标准制定及成本效益分析等。ADDRESS项目由 11 个国家共同参与，历时 4 年完成，研究以"主动需求"为核心的用户侧需求响应管理技术。通过建立能满足大量实时数据出力的电力通信网络，实验并验证了实时激励等主动需求管理技术对系统效益的积极作用。

从国内看，主动配电网已成为智能电网技术新的研究阶段。国内高校、科研院、电力企业等纷纷对主动配电网的相关理论展开研究，并立项进行工程示范实践，取得了一定成果。

2016 年，国家电网公司启动了 7 个主动配电网示范项目。主要包括北京亦庄主动配电网、山东长岛智能微电网群协调控制、江苏苏州工业园区智能电网应用示范区主动配电网、辽宁锦州新能源城市主动配电网等 7 个示范工程，以促进配电网与互联网、"大云物移"等新技术的深度融合，快速适应分布式电源与多元化负荷接入。**其中，辽宁锦州新能源城市主动配电网示范工程具有典型代表性**。该示范工程通过应用分布式电源的发电预测技术、运行控制技术等新技术，利用电动汽车电池配送中心等柔性负荷的主动参与和管理，实现示范点分布式能源就地全额消纳，还采用"配电网集中决策＋智能分布"相结合的故障处理模式，实现锦州配电网的智能调度，大幅降低线损。同时，通过将锦州新能源高渗透率的特点与后期煤改电锅炉供暖项目两者融合实施，实现客户侧电能替代和电源侧的清洁替代的深度融合。该项目还通过低励磁阻抗变压器二次线圈引入信号技术，实现示范区域配电网单相接地下的选相/选线/选点的故障准确定位。智能配电网工程建成后，将实现可调度容量和分析功能的主动配电网协调控制，有效解决高渗透率情况下分布式能源接入、消纳、运行等技术难题。项目建成后，将实现示范点分布式能源就地全额消纳，还采用锦州配电网集中决策＋智能分布相结合的故障处理模式，实现锦州配电网的智能调度，线损率由 4.2％降低到 3.5％。

5.2.4 储能技术

超导储能系统的研究开发取得进展。2017年，中国自主成功制备螺旋内冷堆叠扭绕型复合化YBCO储能线圈试验件，通过500A临界电流性能测试。测试结果表明，在液氮迫流冷却和浸泡的环境下，超导线圈临界电流为630A，超过目标要求500A。并且随着运行温度的下降，临界电流还有进一步大幅提升的空间。其中，YBCO线材采用涂层导体，基材为非磁性镍，工程临界电流最高可达$1000A/mm^2$，力学性能优异，是下一代超导储能磁体的理想选择。图5-8为超导线圈降温。

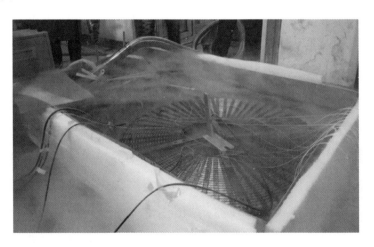

图 5-8 超导线圈降温

锂离子电池的功率密度不断提升。2016年，日立汽车系统株式会社面向中度油电混合汽车，开发了输出密度和能量密度均创新高的48V锂离子电池组。输出密度达到传统单品的1.25倍，能量密度达到传统单品的1.5倍。随着输出密度的提高，电机加速辅助时的扭矩性能得到强化，最大输出功率可达到12kW以上，启动力度更加强劲。在输入输出性能得到提高的基础上，随着能量密度的增大，油耗也得到了有效降低。图5-9为中度油电混合汽车用48V锂离子电池组。

图 5-9　中度油电混合汽车用 48V 锂离子电池组

中国科学院研发出新型高储能、低体积电池技术。这种新型电池用石墨取代锂电池里的锂化合物，作为正极材料，用铝箔作为负极材料和负极集流体。该新型电池在充电过程中，正极石墨发生阴离子插层反应，而铝负极发生铝-锂合金化反应，放电过程则相反。此新型反应机理不仅可显著提高电池的工作电压（3.8～4.6V），同时可大幅降低电池的质量、体积及制造成本，从而全面提升电池的能量密度。研究人员表示 500kg 的铝-石墨电池的续航里程可达到约 550km，而同等重量的普通电动汽车电池，续航里程最多只有 400km。新型电池与传统锂电技术相比，铝-石墨电池可将生产成本降低约 40%～50%，能量密度提高至少1.3～2.0 倍。

5.3　电网智能化技术

5.3.1　物联网技术

物联网是一个将全球定位系统、传感器网络、条码与二维码设备，以及射频标签阅读装置等信息传感设备，按照约定的协议并通过各种接入网与互联网结合起来而形成的一个巨大智能网络，是实现物与物之间、人与物之间互联的信息网络，能够提供以机器终端智能交互为核心的、网络化的应用与服务。物联网技术应用于电网能确保智能电网海量电量/非电量信息的实时、准确获取，为云计算和大数据提供数据源支撑，为各种移动应用提供多样、可靠的数据及网络支撑。物联网技术在电网中的应用主要体现在电网资产巡检、电网设备运维、变电站设备在线监测等方面。

（1）电网资产巡检。

基于物联网射频识别技术（RFID）实现电力设备管理的带电检测，定式、定点巡检。RFID 系统可实现电力设备的带电检测，通过采用无源超高频（915MHz）RFID 系统，将传感标签安装在电力设备上，巡检人员带着手持阅读器设备就可对正常运行的电力设备进行巡检，防止了人工带电检测的危险。该技术还可用于输电线路巡检，尤其是位于山区等偏远地区或灾害发生后的特高压骨干输电线路巡检，采用有源超高频传感技术的机载阅读器可有效收集输电线路和杆塔的具体经纬坐标参数、维修参数、环境参数及编号等详细信息，有效克服人工巡检效率低，巡检信息反馈、录入不及时及容易出错等缺点，同时还能在自然灾害发生后及时准确获取输电线路损害信息，受山区环境影响较小。

（2）电网设备运维。

基于物联网技术的电网设备运维通过对设备进行统一命名，并将设备信息及运行工况上传至云运维中心，实现设备身份的识别、定位并维修。尤其适用于可再生能源、储能、电动汽车等接入规模大、距离分散、运维成本高的分布式电源的运维。采用该技术可实现分布式电源的自动识别和精确定位，满足设备即插即用及海量运维的要求，实现分布式电源的全生命周期自动化、智能化管理。

(3) 变电站设备在线监测。

变电站中变电设备和变电辅助设备的运行状况，直接影响电网的运行可靠性，及时准确获取变电站设备的运行状态参数尤为重要。利用物联网技术的无线智能识别、实时双向交互通信、抗干扰能力强及存储量大等优点，研发变电站在线监测系统，不仅能够有效解决传统监测系统采集信息不全等问题，也可实现对变电站中管理人员与变电设备间物与物、人与物间的双向交互通信。

5.3.2 大数据技术

"大数据"是一个抽象概念，相对于以往的"海量数据"（massive data）和"超大规模数据"（very large data）概念，大数据需满足"四 V"特点：体量大（volume）、多样性（variety）、速度快（velocity）和价值大（value）。电力网络设备和用电设备的普遍分散化、智能化和小型化，导致电力系统运行和控制信息急速增长，承载这些信息的数据量呈几何级数增加，逐步呈现出大数据特征。大数据在电网系统中的各个环节都有应用，主要包括电网规划、电力基建、电网运维、电力营销四个方面。

(1) 电网规划。

面对电力数据呈几何增长的态势，使用大数据分析技术可以良好地进行负荷特性分析和预测工作。例如，采用人工神经网络算法结合粗糙集、小波分析等理论，就可在智能配电网短期负荷预测中取得更好效果；利用关联规则法来对电力负荷的外在影响因素进行相关性分析，可更加全面地获得智能配电网的负荷特性。

(2) 电力基建。

大数据技术在发电厂的选址、输电线路的设计等方面提供决策依据。例如通过大数据技术分析天气数据，并与企业的发电机数据相结合，进而分析气温、气压、风速、风向、空气湿度等天气数据对电力设备的影响，综合各方面因素对发电厂的选址进行优化，更好地为电力设施建设服务。

（3）电网运维。

在对电力基础故障预防和处理的过程中，运用大数据技术能快速找到故障产生的原因，并在短时间内对其进行处理，从而提升故障处理的效率，缩短故障时间，有效降低故障对用户带来的不利影响。采用大数据技术和可视化等技术能进行电力运输管理的在线控制、视频的监控及维修查询等，提升电力智能化水平。

美国公共电力和天然气服务公司（public service and gas company，PSE&G）开发了计算机辅助检修管理系统，利用大数据技术来收集和分析变压器与其他设备的各项数据，包括每日湿度、变压器电介质强度、供气管实时气体流速等，来综合分析设备运行状况，提出设备维修、替换和停运建议，从而提高自动化的决策服务水平。该公司还基于实时传感器数据的分析结果，提前预测事故发生并建议采取适当措施。采用上述措施每年可避免一些事故的发生，从而为该公司节省数百万美元。

（4）电力营销。

电力营销采用大数据技术对电力用户数据进行分析，分析用户的特征并对用户群体进行细分，从而能有针对性地为用户提供服务，提高企业的竞争力。

大数据技术的应用促进电力系统的商业模式创新。成立于2011年的美国初创公司（AutoGrid）专注于能源领域大数据分析，主要服务南加利福尼亚州、萨克拉门托市、佛罗里达等电力公司，通过分析发电数据、居民和商业建筑的用电数据、智能电表和变压器测量数据、系统停电数据等各类信息，为各电力公司提供包括负荷和可再生能源发电预测、电网设备运行效率优化、用电量的趋势分析等在内的多种服务。

法国 EDF 公司在利用大数据进行营销分析的过程中发现，当停电事故发生时，电力公司如果能够在预先通知的复电时间的 10min 之前就恢复供电，则用户会获得最大的满意度；如果在预先通知的复电时间 2h 以前就恢复供电，用户的满意度反而不高。通过获得这类数据，电力公司可以制定相应措施来提升用户满意度。该公司采用大数据分析方法，尽可能避免了用户流失，每年带来的效益超过 3000 万美元。

5.3.3 人工智能技术

2016 年 3 月，由谷歌的 DeepMind 团队开发的阿法狗（Alpha-Go）在与世界围棋冠军李世石的围棋人机大战中获胜，标志着人工智能技术发展进入新的阶段。目前，人工智能技术前沿主要集中在机器学习领域，包括深度学习（deep learning）和强化学习（reinforcement learning）。深度学习是对输入数据逐级提取从底层到高层的特征，建立从底层信号到高层语义的映射关系，从通用的学习过程中获得数据的特征表达。强化学习是自主行动的个体通过探索环境来学习到一种能最大化累积奖赏的行为策略。目前，深度学习主要应用在图像识别、语音识别、自然语言处理等领域，强化学习则在调度优化、认知神经科学等领域也已有广泛应用。例如 Google 数据中心利用基于强化学习的控制程序，总体电力利用效率（power usage efficiency，PUE）提升了 15%。

人工智能技术在电网中的应用主要体现在电网智能运检和智能用电服务两个方面。

（1）电网智能运检。

在变电设备智能识别与故障诊断、输电线路智能识别与缺陷诊

断、基于可穿戴装备的变电站智能巡检等方面引入人工智能技术。通过机器人巡检获取表计、开关/刀闸开合状态、油位计等图像、声音数据，实现变电设备智能识别与故障诊断。应用无人机与巡线机器人实现了输电杆塔、导地线、通道走廊的可见光图像数据采集，对输电线路进行智能识别与缺陷诊断。基于高清可见光/红外热成像双光头盔、超小型便携式紫外成像仪、便携式局放检测仪等可穿戴智能化巡检装备，获取现场巡检高清可见光、红外、紫外图片/图像信息，利用深度学习实现了典型故障的研判及综合诊断。

（2）智能用电服务。

在智能用电服务方面的应用包括利用智能语音技术实现话务录音自动质检、营业厅和电子渠道智能服务机器人、电 e 宝 APP 人脸识别系统。国家电网公司利用智能语音技术，将 95598 话务录音数据精准转译为结构化文本数据，实现海量话务录音数据的全量自动质检，并对话务服务过程中存在的问题进行及时判别和分析，提高人工质检效能。采用营业厅和电子渠道智能客服机器人，提供智能检索、智能应答、智能分析等功能，提升营业大厅工作人员和客服人员的工作效率和客户满意度。采用人脸识别技术开发的国网综合服务平台电 e 宝引入 3D 人脸识别解锁等 AI 技术，实现人脸识别秒级登录，未来将应用于支付认证。

5.3.4　虚拟现实与增强现实技术

虚拟现实与增强现实技术被认为是移动互联网之后与生产、生活高度融合的新一代综合应用平台。VR 与 AR 主要是通过综合运用多领域前沿 IT 技术（如计算机图形学、人工智能、大数据等），借助适当装备对复杂数据进行处理与展现，形成具有交互式体验功能的多维信息空间系统。

VR 技术侧重构建虚拟场景，能模拟出视觉、听觉、触觉等人体感官功能，在用户体验上注重激发使用者的沉浸感、交互性与想象力，在个人娱乐、培训、教育、设计等方面的商业化应用较为成熟。

AR 技术可实现真实环境与虚拟信息实时叠加功能，注重用户与真实环境的交互操作，对环境、状态数据的实时采集、定位、分析要求高。目前，AR 技术处于试验探索阶段，在医疗、教育、会议、设计、石油、化工、电力、建筑、仓储物流和安全管理等企业级应用领域均有良好前景。

目前，美国电科院将智能头盔与数据建模技术结合，并应用到变压器检修业务。一个 AR 头盔相当于照相机、摄像机、对话机、红外测温仪、测距仪、手机、移动作业设备等一系列设备，通过 AR 设备开展变压器检修，已实现输变配设备状态信息全景展示与运行维护操作动态交互，一方面通过可视化的路径规划，能提高检修维护的标准化操作水平，大幅降低安全生产隐患；另一方面通过远程实时通信与即时后台咨询，可显著提高检修的工作效率。

全球能源互联网研究院等科研单位已搭建了 VR、AR 技术实验室环境，开展了初步研究和探索。该院与国内外知名高校、研究机构建立合作，搭建 VR、AR 技术实验室环境，并利用国家电网公司海外研究院平台优势，开展多人互动、人机交互技术和智能头盔、眼镜技术的研发。

5.4 小结

2016 年，电网技术创新主要聚焦在大电网互联、可再生能源大规模并网消纳、用户供需互动和电网智能化等方面，在技术、样机和装备上取得了一系列创新成果。

中国在大电网互联领域的多项核心技术和装备方面取得关键突破。成功研制了世界电压等级最高的直流换流阀样机和首台容量最大网侧电压等级最高的特高压换流变压器；±200kV 直流断路器、±500kV直流换流阀等直流输电技术和装备获得突破和应用；在世界范围内首次开展 500kV 电网潮流灵活精准控制的探索；国际首条特高压交流 GIL 试验线（苏通 GIL 管廊工程）通过型式和现场交接试验。

可再生能源发电及并网消纳技术不断突破，有效支撑可再生能源快速发展。太阳能发电材料上持续突破，发电效率逐步提升、发电成本不断下降。中国在张北风光储输基地启动了虚拟同步发电机示范工程，使风光电站整体具备接近火电机组的输出外特性。各国大量开展了主动配电网的相关理论研究与工程实践，促进分布式电源的并网消纳。在储能方面，锂离子电池的功率密度不断提升，超导等其他形式储能也取得新进展。

物联网、大数据、人工智能和 VR/AR 等技术在电网的应用不断深入，提升了电网智能化水平。物联网技术主要体现在电网资产管理、电网设备运维、变电站设备在线监测等方面。大数据分析主要在电网规划、基建、运维和营销等方面发挥了重要作用，有效提升了电网的运行效率。人工智能主要在电网智能运检和智能用电服务两个方面进行了深度应用；VR/AR 技术在输变配设备状态信息全景展示与运行维护方面进行了探索，成效初步显现。

6

展　望

　　《巴黎协定》于 2015 年 12 月在巴黎气候变化大会上通过，并于 2016 年 11 月 4 日正式生效，这反映了全球应对气候变化的意愿和力度都在不断加大。加之近年来全球经济增长缓慢，各国在能源变革方面开展了大量工作，未来能源系统将会发生新的变化。作为一个国家或地区综合能源运输体系的重要组成部分，作为优化配置能源资源的重要平台，电网在能源系统的中枢和平台地位将日趋明显，并成为各国抢占新一轮能源变革和能源科技竞争制高点的领域。展望未来，电网领域的发展趋势主要有以下几个方面。

　　（1）全球再电气化进程已加速推进，电网将成为支撑电气化水平快速提升的重要平台。在积极应对气候变化的大趋势下，全球能源系统向清洁、低碳、安全、高效等方向加速转型，再电气化已成为各国实现能源转型的客观要求。能源生产环节，风、光等可再生能源的利用一般都需要转化为电能才能实现有效利用，在低碳转型的驱动下，可再生能源发电将迎来新一轮的大发展；能源消费环节，电能对化石能源的深度替代将继续稳步推进，IEA 预测世界平均电气化水平 2040 年将达 25％；能源输送环节，电网连接能源生产和消费，是能源转换利用和配置输送的重要平台。清洁能源大规模开发利用，客观上需要大幅提高电网优化配置资源的能力。各种新型用能方式和分布式能源、微电网大量接入，要求提高电网安全稳定控制能力和灵活性、智能化水平。

（2）**可再生能源接入电力系统的比例会不断提高，电网弹性将不断加强**。随着应对气候变化的压力逐渐增大，利用清洁能源尤其是可再生能源成为一次能源发展的共识。根据全球能源互联网发展合作组织的预测，到2050年清洁能源发电比重可提高到80％以上，这一方面需要通过煤炭的清洁高效利用、发展天然气发电等措施，实现化石能源的清洁化利用；另一方面要大力发展风能、太阳能等可再生能源发电。但是大规模高比例的可再生能源在时空分布方面具有随机性、不确定性，对电力系统运行带来重大挑战，需要提高电网弹性增强系统抵御能力，有效利用各种资源灵活应对可再生能源接入对电网带来的挑战，保障可再生能源的充分消纳。

（3）**微电网将成为大电网的有益补充，交直流混联的电网形态将更为普遍**。随着全球范围内互联线路的长度不断增加、输电网电压等级不断提高、输送容量不断增大，电网互联化已成为发展趋势，大电网未来仍将扮演"主干网"的角色，实现电力输送、互相调剂。微电网将为用户侧的分布式发电、储能等提供更便捷的服务，成为与"主干网"并存的"局域网"。从电网形态上来看，充分利用交流、直流各自优势，交直流混联结构将覆盖更多的电压等级，从特高压输电网络，到超高压、高压、中压输电网络，再到中低压配电网、微电网。

（4）**电网互联互通不断发展，跨洲跨国跨区跨省电力交换不断增多，市场化交易比重不断提高**。近年来，全球电网在互联互通方面开展了大量工作，仍有大量工程在建或纳入规划中。纵观当今全球的电力市场化改革进程可以看出，尽管各国改革的背景、路径和成效不完全一样，但都希望通过改革来提升电力工业的效率，促进本国或本地区的经济社会发展。随着电力市场化改革的不断推进，市场交易手段不断丰富，市场交易更加频繁、活跃，市场交易电量不断提高。

（5）**可再生能源与新型设备的接入带来了电力电子设备的规模化**

应用，**推动电网全面提升智能化水平**。直流输电、FACTS 装置、可再生能源发电、储能、变频节能等新技术的规模化应用将大量的电力电子设备引入到传统电网中，在提高电网灵活性和运行效率的同时，也带来了谐波、惯性降低、稳定机理变化等问题。需要在智能电网的框架下，从能源转化、配置、消费、调度等多环节提升智能化水平，升级传统的理论、仿真和运行控制方法、改变电网的结构和运行模式，基于信息共享支撑可再生能源、智能设备的即插即用和灵活可靠接入，促进能源利用效率整体提升。

（6）大数据、区块链、人工智能等新技术与电网融合发展，进一步助力电网的运行和管理水平的提升。随着大数据、区块链、人工智能等新技术的发展，与电网呈现融合的趋势，主要表现在三个方面：一是技术融合，通过与电力技术相融合，在电网运行、管理、营销中实现集成应用；二是资源融合，促进电网各类数据资源与其他行业数据资源的整合、应用与价值增值；三是业务融合，变革电网的供用电服务等传统业务，创新发展电动汽车充换电等新兴业务和依托用户资源发展电子商务平台等互联网业务。通过融合发展，实现电网运行与控制、电网企业管理和服务水平的全面提升。

（7）新一轮能源革命方兴未艾，打造新一代电力系统将成为能源转型的关键路径。以新能源大规模开发利用为标志的新一轮能源革命，将为第四次工业革命提供清洁的动力基础，正在全球范围内兴起。中国致力于打造以"广泛互联、智能互动、灵活柔性、安全可控"为特征的新一代电力系统，即通过电网广泛互联，搭建资源大范围优化配置平台，以智慧化、互动化为特征，与电力市场紧密融合，积极采用创新技术，提高新能源运行灵活性和适应性，具有高度稳定性和可靠性，电网安全可控能控，将为实现能源转型提供重要保障。

参 考 文 献

[1] IEA. Electricity Information 2012—2017. Paris，2017.

[2] FERC. Energy Infrastructure Update for December 2012—2016. Washington DC，2016.

[3] Enerdata. Energy Statistical Year book 2017. Singapore，2017.

[4] NERC. Winter Reliability Assessments 2012—2016. Atlanta，2017.

[5] NERC. Summer Reliability Assessment 2012—2016. Atlanta，2017.

[6] NERC. Long term reliability assessment 2012—2016. Atlanta，2017.

[7] DOE. Electricity in North America Baseline and Literature Review. Washington DC，2016.

[8] NERC. Distributed Energy Resources Report. Atlanta，2017.

[9] DOE. Smart Grid Investment Grant Program Final Report. Washington DC，2016.

[10] DOE. Quadrennial Energy Review—Energy Transmission，Storage and Distribution Infrastructure. Washington DC，2016.

[11] DOE. Quadrennial Energy Review—Transforming the Nation's Electricity System. Washington DC，2016.

[12] ENTSO-E. Statistical Factsheet 2012—2016. Brussels，2017.

[13] ENTSO-E. TYNDP 2016 list of projects for assessment. Brussels，2017.

[14] ENTSO-E. Summer Outlook 2017 and winter review 2016—2017. Brussels，2017.

[15] ENTSO-E. Winter Outlook Report 2016/2017 and Summer Review 2016. Brussels，2017.

[16] ENTSO-E. Mid-term Adequacy Forecast 2016. Brussels，2017.

[17] IEE. Economic and Energy Outlook of Japan through FY2016. Eu-

rope，2016.

［18］METI. Japan's Energy Plan. TOKYO，2014.

［19］MME. Brazilian Energy Balance. Brazil，2016.

［20］http：//www. ons. org. br/pt/paginas/resultados‐da‐operacao/historico‐da‐operacao，ONS.

［21］Power Grid Corporation of India Ltd. Annual Report‐Final 2013—2016. India，2017.

［22］Power Grid Corporation of India Ltd. Transmission Plan for Envisaged Renewable Capacity. India，2017.

［23］AMI Rollout Plan for India，ISGF BNEF Knowledge Paper.

［24］CEA. Draft National Electricity Plan Volume I Generation. India，2012.

［25］CEA. Draft National Electricity Plan Volume II Transmission. India，2012.

［26］CEA. Executive Summary of Power Sector 2012—2016. India，2016.

［27］国家统计局. 中华人民共和国 2016 年国民经济和社会发展统计公报. 北京，中国统计出版社. 2017.

［28］国家能源局. 2016 年度全国可再生能源电力发展监测评价报告. 北京，2017.

［29］中国电力企业联合会. 2016—2017 年度全国电力供需形势分析预测报告. 北京，2017.

［30］中国电力企业联合会. 中国电力行业年度发展报告 2017. 北京：中国市场出版社，2017.

［31］中国电力企业联合会. 中国电力行业可靠性年度发展报告 2017. 北京，2017.

［32］中国电力企业联合会. 二〇一六年电力工业统计资料汇编. 北京，2017.

［33］中国电力企业联合会. 二〇一五年电力工业统计资料汇编. 北京，2016.

［34］北京电力交易中心. 2016 年度电力市场交易信息. 北京，2016.

［35］国家电网公司. 国家电网公司 2016 年社会责任报告. 北京，2016.

［36］国家电网公司．国家电网公司2015年社会责任报告．北京，2015.

［37］国家电网公司．电网输变电工程造价分析报告（2016年版）．北京，2016.

［38］国家电网公司．电网投入产出效益分析报告．北京，2016.

［39］中国南方电网公司．中国南方电网2016企业社会责任报告．广州，2016.

［40］中国南方电网公司．中国南方电网2015企业社会责任报告．广州，2015.

［41］电力规划设计总院．中国能源发展报告2016.北京，2016.

［42］电力规划设计总院．中国电力发展报告2016.北京，2016.

［43］国务院．电力安全事故应急处置和调查处理条例．北京，2011.

［44］国务院．国家大面积停电事件应急预案．北京，2015.

［45］国家发展和改革委员会．电力安全生产监督管理办法．北京，2015.

［46］国家电力可靠性管理中心．2015年全国电力可靠性指标．北京，2016.

［47］中华人民共和国国家标准．电力系统安全稳定导则．北京，2011.

［48］张晓萱，马莉．各自为政的美国电网．国家电网，2014（128）74-76.

［49］滕苏郸，宫一玉，张璞，等．国外典型大停电事故分析及对北京电网启示．电气应用，2015（增刊），90-93.

［50］国务院．中共中央国务院关于推进安全生产领域改革发展的意见．北京，2016.

［51］国务院．安全生产"十三五"规划．北京，2017.

［52］陶文斌．输电网运营经济性评价系统研发．北京，2003.

［53］PJM. 2016 ANNUAL REPORT. Amercia，2016.

［54］Tokyo Electric Power Company. Tokyo Electric Power Company Annual Report 2016. TOKYO，2016.

［55］EDF. 2016 ANNUAL REPORT. France，2016.

［56］EnerNOC. EnerNOC Reports Results for Second Quarter of 2016. Amercia，2016.